U0173271

世界经典译丛

Knowledge of Bread

世界面包图鉴

〔日〕井上好文　编著

张文昌　廖丹凤　梁　健　译

中国农业出版社

北　京

了解面包的奥秘，增加品尝的乐趣

世界上面包有5 000 ～ 6 000种。在日本，你能买到数百种面包，并且有许多面包师在日本接受培训。日本虽然不是面包的发源地，但日本的面包产业发展环境非常优越。

每一个面包背后的故事是什么？为什么好吃？制作秘诀是什么？

我将在这本书中介绍一个越了解越有趣的面包世界。

面包的基本成分是面粉、酵母、水和盐。通过改变成分配比和烘焙方法可以制作出各种面包。面包的横截面状态揭示了面粉、水和脂肪的配比，同时也体现了面包师的制作水平。

如果你买了喜欢的面包，
一定要尝试用各种各样的方法享用面包。
可以直接搭配咖啡享用，
也可以把食材夹起来做成三明治，或者把面包当作容器，在其中放入炖菜……
一日三餐，面包为餐桌增添了不少色彩。

自己动手制作，可以吃到新鲜出炉的面包，别有一番滋味。
从最基础的面包开始挑战吧。

品尝、购买、制作等各种关于面包的知识，
你都能在这本书中找到。

目 录

Part 1 寻找世界上113种面包

欧洲

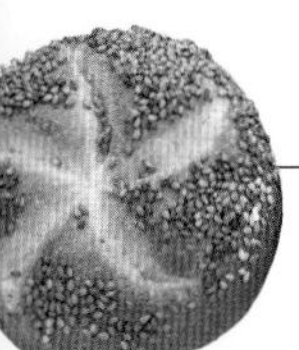

Swiss Bread 瑞士面包

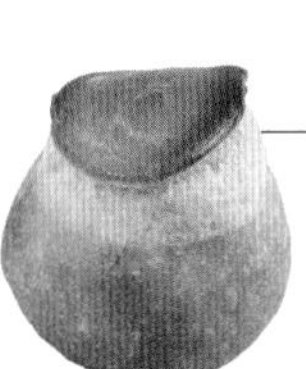

French Bread 法国面包

Italian Bread 意大利面包

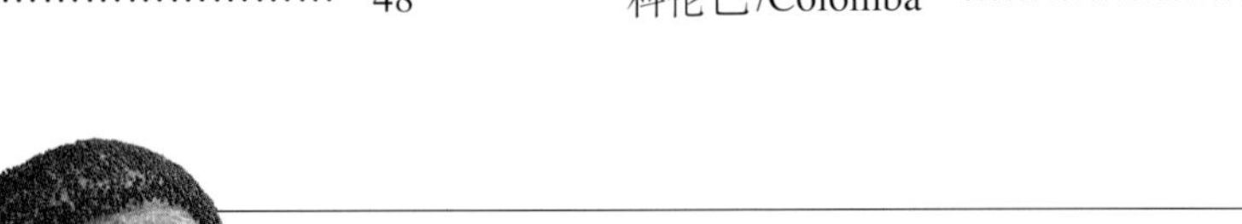

Danish Bread 丹麦面包

Finnish Bread 芬兰面包

55

English Bread 英国面包

59

Russian Bread 俄罗斯面包

61

北美洲

American Bread 美国面包

63

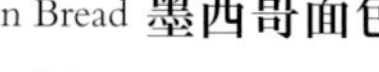Mexican Bread 墨西哥面包

68

南美洲

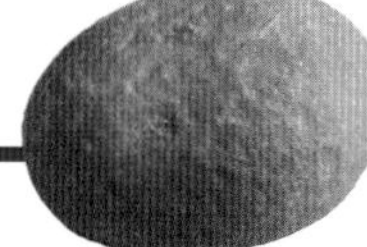

Brazilian Bread 巴西面包

69

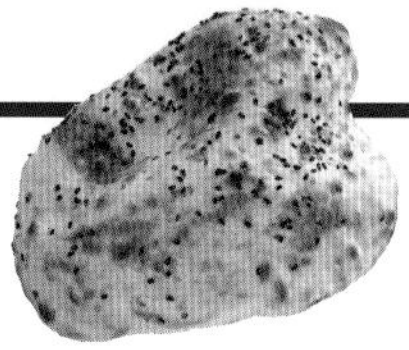

亚洲

Turkish Bread 土耳其面包 70

Indian Bread 印度面包 72

Chinese Bread 中国面包 74

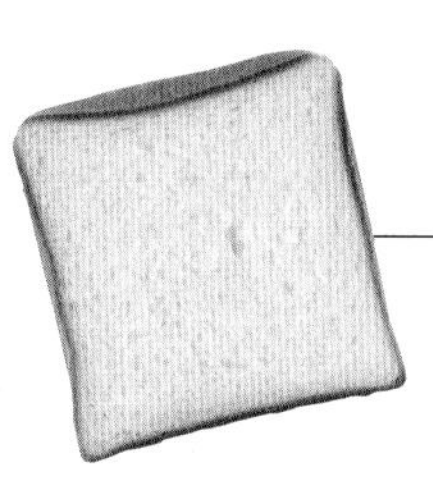

Iranian Bread 伊朗面包 76

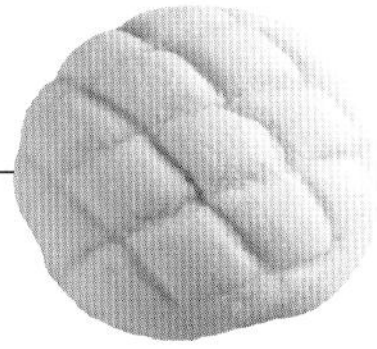

Japanese Bread 日本面包 77

[专栏]

Part 2 制作面包

制作面包的材料 86

制作面包的工具 96

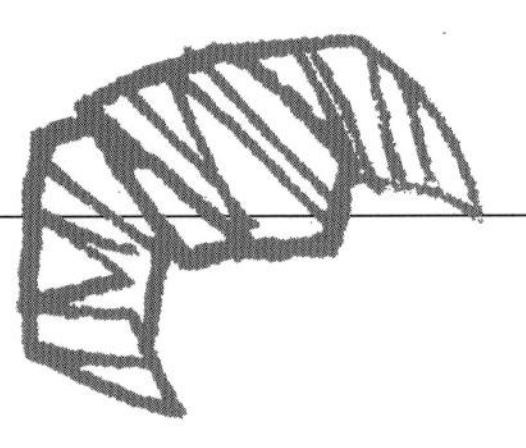

Part 3 将面包的美味发挥到极致

Part 1
寻找世界上113种面包

芬兰

英国

德国

俄罗斯

丹麦

中国

瑞士

法国

奥地利

日本

意大利

土耳其

伊朗

印度

每个国家和地区的面包都有独特的风味和制作技巧，代表着当地的传统文化。随着全球化的不断加深，许多国家和地区的面包文化互相交流和融合，出现了一些创新的面包品种。

即使在以米饭为主食的日本，面包也是餐桌上不可缺少的一部分。在日本，你可以买到在日本受训的面包师制作的来自世界各地的面包。事实上，日本能够见到那么多种类的面包，是其他国家无法比拟的面包产业环境造就的。一些面包店以其独特的面包制作技巧和精美的包装而闻名，这些面包往往不仅是一种食品，更是一种艺术品。

让我们来看看世界各地的面包吧！

墨西哥

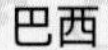

说明

- 类型：以面粉、酵母、盐、水为主要原料，少量的黄油和鸡蛋等为配料，低脂朴素，用料简单，旨在突出谷物本身的味道的面包为“Lean型”。糖、油脂、鸡蛋等配料占比高且种类丰富，口感饱满的面包为“Rich型”。
- 尺寸：即面包的大小，由本书作者对合作面包店的商品测量得出。
- 配方：是作者调查的结果，并非合作店铺的产品。另外，配方中的“面包酵母”是指生酵母。若使用干酵母，其用量的换算标准是生酵母用量的1/2；若使用速溶干酵母，其用量的换算标准是生酵母用量的1/3。但干酵母和速溶干酵母的糖含量高，发酵能力较差，所以使用时需要注意。
- 实际面包的名称和形状可能因店铺而变化。
- 主图说明中的英文字母对应P150 ～ 151的合作面包店。没有标注字母的是作者参考其他相关产品的数据观察研究所得。

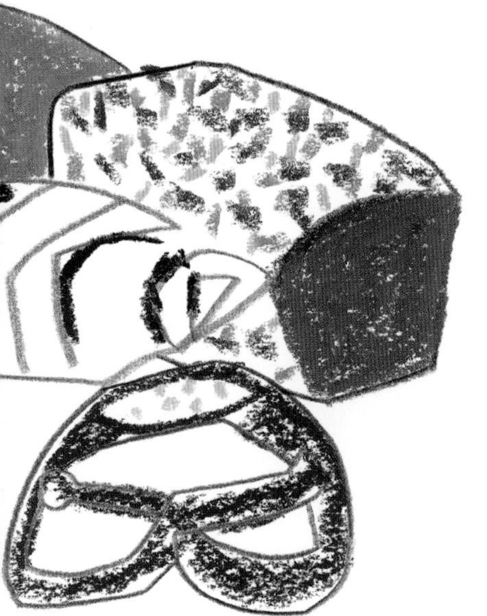

Europe · 欧洲

德国面包

German Bread

享受德国面包的不同酸味和质地

德国是世界上面包品种最多的国家，大面包（≥250g）有300多种，小面包（＜250g）有1 200多种。大面包便于储存，可以切片搭配各种菜肴；而小面包多为新鲜出炉，可立即享受美味。

黑麦面包在德国面包中最具代表性，尤其是在德国北部，耐寒黑麦的广泛栽培，让黑麦面包成为市场主流。而在德国南部，主要种植小麦，因此德国南部主要生产了用小麦粉制作的面包。黑麦面包的特点是拥有特殊酸味及香气、质地厚重、耐嚼。黑麦面包的制作添加了酸种，这个酸种就是酸味的来源，发酵时产生酸性物质，可抑制淀粉酶的活性，让面包更松软。根据面团中使用的小麦粉与黑麦粉的比例，德国面包大致分为以下几种类型，见下表。

德国面包类型

面包类型	面粉含量
白面包（Weizenbrot）	小麦粉含量90%以上
小麦混合面包（Weizenmischbrot）	小麦粉含量51%～89%
混合面包（Mischbrot）	小麦粉含量50%，黑麦粉含量50%
黑麦面包（Roggenbrot）	黑麦粉含量90%以上
混合黑麦面包（Roggenmischbrot）	黑麦粉含量50%～90%
全麦面包（Vollkornbrot）	全麦粉含量90%以上

据说德国大约有1 500种面包，德国人爱吃面包，每人每年可以吃掉80kg面包。他们早晨常常购买面包作早餐，而且追求享用新鲜出炉的面包。这种追求也体现在面包店运营中，例如德国的现烤面包供应体系，烘焙企业在工厂会把加工冷冻好的面包半成品运到面包店，然后店家现场烤制，以保持面包的新鲜度。像德国餐桌必不可少的玫瑰面包卷（P18）和凯撒面包（P28）都是这种做法。因为德国面包的种类很多，还可以吃到新鲜美味的面包，所以喜欢面包的人很多，需求稳定。这种良性循环是由德国面包店的匠心造就的。

这家德国面包店，橱窗中成排摆放了面包，你可以挑选自己想要的种类，店员会为你打包。在德国，杂粮面包和有机面包掀起了“Front Bakking”热潮，意思是将面包制作展现在顾客面前。

适合日本人口味的德国白面包

白面包

Weissbrot

烤的颜色深一些更好吃。/ f

data

类型	Lean型，直接烘烤，主食面包
主要谷物	小麦
尺寸	长38cm × 宽14cm × 高7.5cm
重量	496g
发酵方法	面包酵母发酵

配方

法式面包专用面粉：100%
面包酵母：3%
砂糖：1%
盐：2%
人造黄油：1%
麦芽糖浆：0.3%
维生素C：20mg/L
水：57%

“weiss” 意为“白色”，白面包主要由小麦粉（含量90%以上）制成，有些也含有极少量的黑麦粉。白面包源自盛产小麦的德国南部，但如今在德国各地都能见到。外皮酥脆，内里质地柔软，口感清香，符合日本人的口味。它可以随餐食用，与黄油、果酱或奶酪一起享用，或用于制作三明治。由于质地柔软，最好搭配质地温和的食材，不适合搭配耐嚼的火腿。很多人在白面包切片上撒上芝麻直接享用。白面包有各种形状，比如圆形、海参形、长方形，有些上面带有编织花纹。还有一种叫作半白面包（halbweissbrot），它是用深色小麦粉制成的。

味道清淡，配料突出

圣魂面包

Seelen

data	
类型	Lean型，直接烘烤，主食面包
主要谷物	小麦
尺寸	长 26cm × 宽6cm × 高5cm
重量	91g
发酵方法	面包酵母长时间发酵（≥4h）

配方

法式面包专用面粉：100%

面包酵母：1.3%

盐：2%

水：75%

每家面包店都有自己的配方，除了添加香菜籽和粗盐外，还有添加芝麻和奶酪的。/ f

近年来，在德国有一种含水量高的小面包非常流行，叫作圣魂面包，其产于德国西南部的士瓦本地区，是万灵节常吃的一种食物。从面包用料的变化我们可以感受到前人的智慧，他们试图通过增加水量来减少面粉的用量。含水量高，揉出来的面团又软又黏。圣魂面包细长，略微弯曲，通常在上面撒上香菜籽和粗盐。外皮又厚又脆，内里又很有嚼劲。面粉中多加一些水，可以提高淀粉的糊化能力，使面包更耐嚼。它可以作正餐，也可以搭配葡萄酒或啤酒。我们建议将其上下对开切成两半，制成开放式三明治享用。

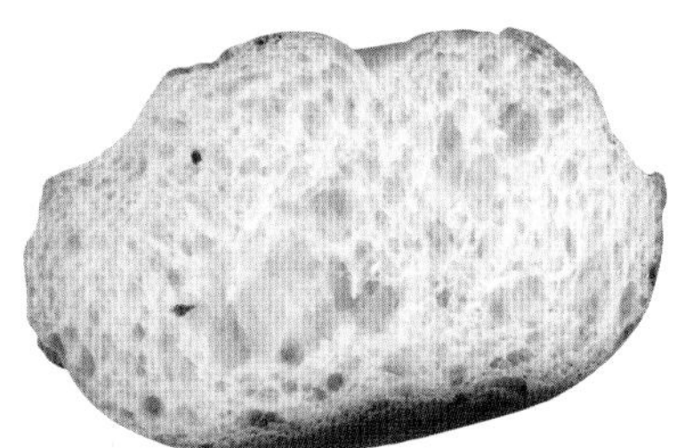

小巧，易于食用的玫瑰形

玫瑰面包卷

Rosenwecken

data	
类型	Lean型，直接烘烤，主食面包
主要谷物	小麦
重量	91g
发酵方法	面包酵母发酵

配方

法式面包专用面粉：100%
面包酵母：3%
盐：2%
人造黄油：1%
麦芽糖浆：0.5%
维生素C：30mg/L
水：60%

烤得好吃的玫瑰面包卷，表面有光泽，呈棕金色，有时还会在表面加入奶酪等配料。

德国和奥地利有各种各样的小面包，代表性的小面包有玫瑰面包卷和凯撒面包。在德国南部，小面包被称为“semmel”或“wecken”。玫瑰面包卷的特点是外形像玫瑰花一样，有时被称为“rosenbrotchen”或“kielerfetsemmel”。新鲜出炉时，外壳酥脆，质地轻盈。时间一长，面包中的水分就会流失，面包就会变得跟橡胶一样坚硬，所以地道的面包店出售的玫瑰面包卷一定是新鲜出炉的。我们建议将其水平切成两半，然后涂上黄油或果酱做成三明治享用。

独特的碱香味，非常适合搭配啤酒享用

碱水扭结面包

Laugenbrezel

data	
类型	Lean型，烤盘烘烤，主食面包
主要谷物	小麦
尺寸	长13cm×宽11.5cm×高3.5cm
重量	42g
发酵方法	面包酵母含量较高，发酵时间较短，是为了做出爽脆的口感

“brezel”源自拉丁语中的“手臂”，有人认为这种形状意味着“爱”。这种独特的双臂形状面包，现已成为当今德国面包店的象征。

最后一次发酵后，将面团浸泡在碱水（含有3%～4%氢氧化钠的碱性溶液）中，然后烘烤至有光泽的红棕色，薄脆的外层还可防止内部变干。碱水扭结面包中间粗胖的部位质地柔软，尖细的两头口感香脆，一种面包有两种不同口感。此外，根据地区和店铺的不同，口味、尺寸和形状也不同。将其水平对半切后可做成三明治。

配方

法式面包专用面粉：100%
面包酵母：4%
盐：2%
脱脂奶粉：5%
人造黄油：10%
麦芽糖浆：0.5%
维生素C：30mg/L
水：55%

切开面包中间粗胖的部位，并在其上涂上无盐黄油或者榛子酱，吃起来很美味。/k

味道温和，酸度适中

小麦混合面包

Weizenmischbröt

data	
类型	Lean型，直接烘烤，主食面包
主要谷物	小麦
尺寸	长30cm×宽12cm×高8.5cm
重量	509g
发酵方法	面包酵母和酸种发酵

保存时间较长，一般4～5d。/f

配方

酸种：27%（含黑麦粉15%）

法式面包专用面粉：70%

黑麦粉：15%

面包酵母：1.9%

盐：1.9%

麦芽糖浆：0.3%

水：65%（其中12%来自酸种）

小麦混合面包主要由小麦粉和黑麦粉混合制成，是德国非常受欢迎的面包。“weizenmischbröt”一词中的“misch”，意思是“混合”，一般含有60%～80%的小麦粉和20%～40%的黑麦粉。小麦粉越多，面包心颜色越白。

市面上，小麦混合面包最流行的形状是海参形，人们常在面团中混入香菜籽，表面有割纹。它的质地湿润，酸度适中，易于食用，常作主食面包。水平对切后涂上果酱或黄油，再撒上奶酪、蔬菜、凤尾鱼等，做成开放式三明治。建议把它切成薄片，烤一下，然后在上面涂上黄油或果酱，吃起来更美味。

外表结实，内里松软

黑森林面包

Schwärzwalderbrot

data	
类型	Lean型，直接烘烤，主食面包
主要谷物	黑麦
尺寸	长19.5cm×宽7.5cm×高4.5cm
重量	450g
发酵方法	面包酵母和酸种发酵

配方

小麦粉酵母：2.5%

法式面包专用面粉：80%

黑麦粉：20%

面包酵母：2%

盐：2%

麦芽糖浆：0.3%

水：68%

*可加入葡萄干等水果干，也可以是混合水果干

黑森林面包也被称为黑森林乡村面包。它有时也被归为裸麦餐包，因为它含有大量的黑麦粉。/e

黑森林面包是一款来自德国南部边境黑森林地区的传统面包，主要是由黑麦粉制成。圆形和海参形较常见。“schwarzwälderbrot”直译的意思是“黑森林”。照片中的面包在面团中加入了大量浸泡过朗姆酒的葡萄干和无花果，然后在表面涂上糖蜜烘烤而成。这种面包较重且耐嚼，带有葡萄干和无花果的味道，还有一丝黑麦的香味。

对于没有馅儿的黑森林面包，建议将其切成厚片直接享用，或者切成薄片涂上黄油或奶油奶酪享用。带有葡萄干和无花果的黑森林面包，适合搭配红酒或低酸度的咖啡。

推荐给初学者的黑麦面包

混合面包

Mischbrot

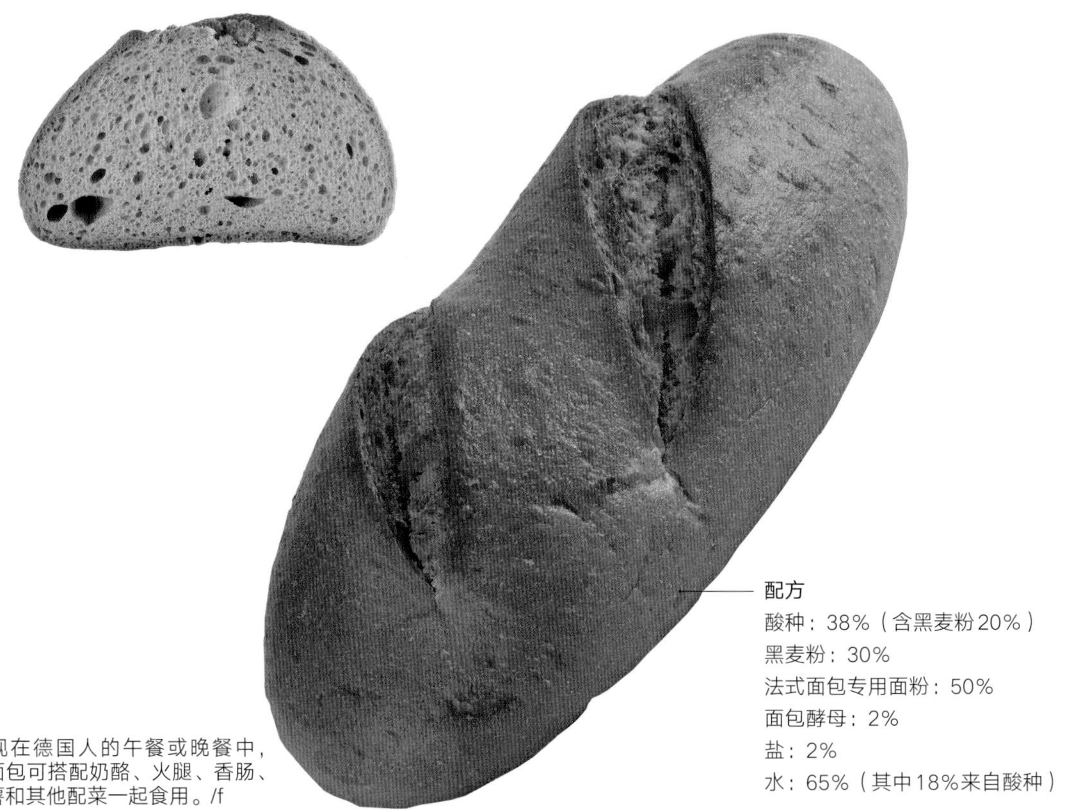

配方
酸种：38%（含黑麦粉20%）
黑麦粉：30%
法式面包专用面粉：50%
面包酵母：2%
盐：2%
水：65%（其中18%来自酸种）

常出现在德国人的午餐或晚餐中，混合面包可搭配奶酪、火腿、香肠、马铃薯和其他配菜一起食用。/f

data	
类型	Lean型，直接烘烤，主食面包
主要谷物	小麦、黑麦
尺寸	长 23.5cm × 宽 11cm × 高 7cm
重量	503g
发酵方法	面包酵母和酸种发酵

混合面包是使用等量小麦粉和黑麦粉混合制成，与黑麦面包相比，由于小麦粉的比例提升，所以这种酸味被淡化了，食用起来口感更好。

它的特点是质地厚重、耐嚼。除了海参形，还有圆形。面包割纹也有很多种，有时会像照片所示斜向切割，但水平切割的更常见。另外，有时也会使用棒状工具或拉网刀等来代替割纹刀割纹。

混合面包可以切片后涂上黄油，与其他食物一起享用。推荐在上面放上奶酪、火腿、香肠和蔬菜等各种食材，做成一个开放式三明治。混合面包的酸味与葡萄酒、啤酒等非常配。

面包表面的裂缝像树皮一样

柏林乡村面包

Berliner Landbrot

最佳食用时间是烤后7～8h，应完全冷却后再切片。

data	
类型	Lean型，直接烘烤，主食面包
主要谷物	黑麦、小麦
发酵方法	面包酵母和酸种发酵

配方

酸种：76%（含黑麦粉40%）
黑麦粉：40%
小麦粉：20%
面包酵母：2%
盐：2%
水：70%（其中36%来自酸种）

柏林乡村面包因源自德国东北部的柏林而得名。“landbrot”是乡村面包的意思。沉甸甸的重量和成色就是德国面包应有的样子。表面的裂纹和海参形是其典型特征。裂纹是在最后一次发酵时面团表面因干燥开裂而形成的，这种面包裂缝越大越好吃。

柏林乡村面包内部气孔小，口感湿润。常见的做法是将其切成薄片，与肉酱、火腿和奶酪一起食用，或者泡在炖菜中享用，面包的味道十分清爽。在德国，柏林乡村面包也经常切片出售。

黑麦粉制成的小面包

裸麦餐包

Roggenbrotchen

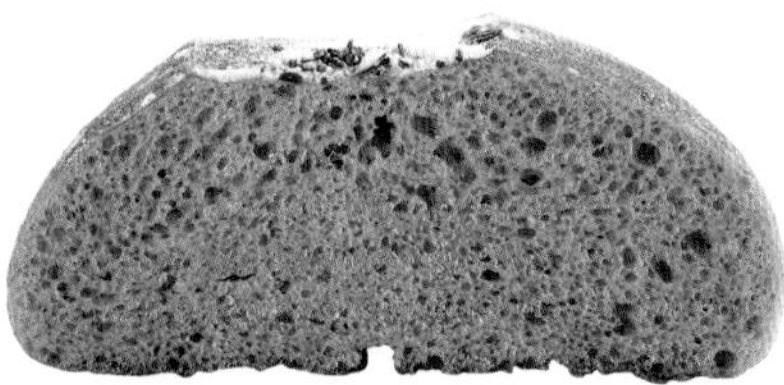

我们建议将其切片并涂上黄油或果酱，或者用未腌制的咸火腿和蔬菜制作三明治。/k

data	
类型	Lean型，直接烘烤，主食面包
主要谷物	黑麦、小麦
尺寸	长10cm×宽9cm×高4.5cm
重量	78g
发酵方法	面包酵母和酸种发酵

“brotchen”是德国小面包的总称，在其前面加“roggen”，指以黑麦粉为主的小面包。建议黑麦粉和小麦粉各用50%，但是如果黑麦粉占比较高的话，小面包就会变得没有分量。裸麦餐包可以直接切片享用，感受其松脆的口感。

咬一口就有香料味

黑麦餐包

Vinschgauer

当买不到希腊三叶草时，有时会用其他香料替代。/f

配方
酸种：22%（含黑麦粉12%）
黑麦粉：58%
小麦粉：30%
面包酵母：2%
盐：2.5%
面包专用希腊三叶草：0.3%
南蒂罗尔面包香料：1.5%
水：83%（其中10% 来自酸种）

data	
类型	Lean型，直接烘烤，主食面包
主要谷物	黑麦、小麦
发酵方法	面包酵母和酸种发酵

这是一款以意大利南蒂罗尔的一个地名——温施高（Vinschgau）命名的小面包。南蒂罗尔是意大利的一个省，与奥地利交界。黑麦餐包主要由黑麦粉制成，添加了希腊三叶草（fengreek）和香菜籽，所以有辛辣的味道。由于加入了大量的水，所以面包质地湿润。

直接品尝，酸味浓郁

黑麦汁面包

Roggensaftbrot

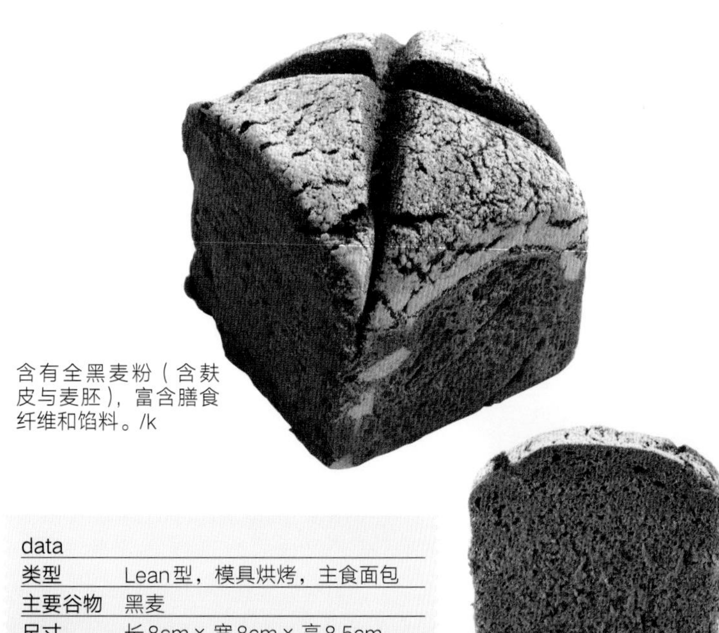

含有全黑麦粉（含麸皮与麦胚），富含膳食纤维和馅料。/k

data	
类型	Lean型，模具烘烤，主食面包
主要谷物	黑麦
尺寸	长8cm×宽8cm×高8.5cm
重量	78g
发酵方法	酸种和面包酵母发酵

“saft”在意大利语里的意思是“果汁”，带有这个词的德国面包表示在面团中加入了大量的水。黑麦汁面包由100% 黑麦粉制成，酸度强，重量重，饱腹感强。此外，由于面团是一个挨一个连在一起烘烤的，所以侧面没有皮、质地柔软。以接合状态烘烤的面包可保留大量的水分，便于长时间享用。

因为这款面包含有大量的黑麦粉，所以味道较酸，与葡萄酒等很相配。将其切成薄片并在上面涂上果酱，或者在上面放上浓稠的奶酪或意大利腊肠直接享用，非常美味。此外，还推荐将其做成三明治。如果你不喜欢酸味，可以涂抹奶油或蜂蜜来调整口感。

谷物的颗粒感强，口感很好

燕麦吐司面包

Roggenvollkornbrot

data	
类型	Lean型，模具烘烤，主食面包
主要谷物	黑麦
尺寸	长9cm×宽8.5cm×高7.5cm
重量	388g
发酵方法	酸种和面包酵母发酵

配方
酸种：45%
（含粗黑麦粉25%）
黑麦粉烫面团：81%
（含黑麦粉45%）
细磨黑麦粉：20%
剩下的面包（弄成面包屑）：10%
面包酵母：3%
糖蜜：1%
盐：1.7%
水：约70%
（其中66%来自酸种和烫面团）

"vol"的意思是"整体"，"korn"的意思是"谷物"，用黑麦粉制成的面包叫作roggenvollkornbrot。有些是用100%黑麦粉制成的，有些则含有多种谷物，包括小麦、大麦、谷子、大豆等。燕麦吐司面包富含膳食纤维，深受注重健康人群的欢迎。把剩下的面包弄成面包屑，再混合在面团里烤，这种方法在德国面包制作中经常使用，可增加面包湿润的口感。

燕麦吐司面包非常适合与拿铁咖啡一起享用。此外，燕麦吐司面包强烈的酸度与葡萄酒相得益彰。可将其切成薄片，放上烟熏三文鱼、奶酪、鹅肝酱或其他味道浓郁的食物做成开面三明治，味道鲜美。此外，作为零食享用，建议涂抹奶油芝士和蜂蜜。

一款蒸制而成的传统黑面包

黑麦粗面包

Pumpernickel

一种由黑麦粉制成的面包，有时还加入小麦粒。这种传统面包源自德国西北部威斯特伐利亚，现在在德国各地都能吃到。

其特点是在装满热水的烤箱中蒸制而成，最短4h，最长20h。它很潮湿，像饭团一样。吃起来耐嚼，还有黑麦和焦糖的香味。虽然是由100%黑麦粉制作，但它没有那么酸，所以搭配黄油就可以享用。还可以切成薄片，放上火腿、三文鱼、酸奶油、奶油芝士等做成开面三明治，与浓郁果酱也很搭，还可搭配奶油炖菜等。

配方
酸种：45%
（含粗黑麦粉：33%）
黑麦粉烫面团：66%
（含粗黑麦粉：33%）
黑麦粉：34%
面包酵母：1.5%
盐：1.5%
焦糖：0.8%
水：66%
（其中45%来自酸种和烫面团）

最好是烤后第二天吃，最多可以保存1周，适合冷冻保存。/c

data	
类型	Lean型，模具烘烤，主食面包
主要谷物	黑麦
尺寸	长10.5cm×宽6.5cm×高5.5cm
重量	400g
发酵方法	酸种发酵

传统圣诞甜点

史多伦

Stollen

配方

法式面包专用面粉：100%
面包酵母：7.5%
砂糖：12%
盐：1.25%
无盐黄油：31%
牛奶：32%
杏仁泥：9%
柠檬皮：0.5%
香料：0.3%
葡萄干：62%
橙皮：2.5%
柠檬皮：10%
杏仁（切碎）：14%
朗姆酒：1.75%

data

类型	Rich型，烤盘烘烤，发酵糕点
主要谷物	小麦
尺寸	长13cm × 宽6.5cm × 高4.5cm
重量	260g
发酵方法	面包酵母发酵

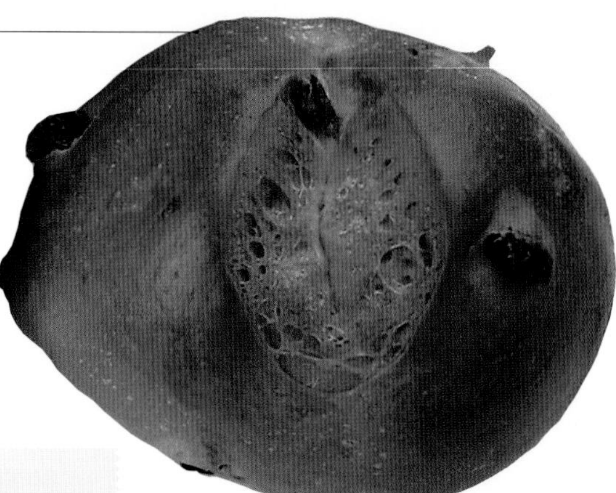

由于表面有黄油和糖粉的涂层，所以它可以在室温下储存2 ~ 3周。/k

据说史多伦的形状是模仿“耶稣摇篮”或“襁褓中的耶稣”。这是一款圣诞糕点，它含有大量的在朗姆酒和蜂蜜中浸泡过的果干和坚果，给人一种甜美而奢华的味觉享受。

这款面包发源于德累斯顿，被称为“德累斯顿史多伦”。每到12月，就会有一辆载着巨大史多伦的马车和游行队伍一起穿过德累斯顿的大街小巷。在德国，常在11月底的“基督降临节”开始享用史多伦，为期4周，每个周日吃一些，以迎接即将到来的圣诞节。通常是切成薄片吃，要想享受其香气，建议搭配红茶。

葡萄干酸甜可口，很受欢迎

葡萄干餐包

Rosinenbrotchen

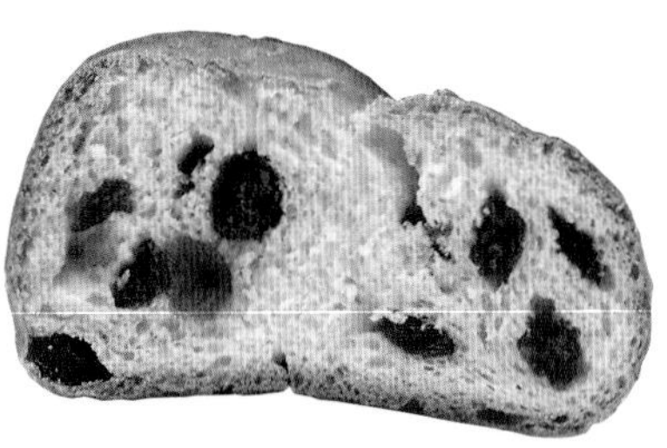

面包的气孔粗大，但口感柔软湿润，小巧易于食用。

配方

小麦粉：100%
面包酵母：5%
砂糖：10%
盐：2%
全脂奶粉：6%
黄油：10%
鸡蛋：5%
香草：适量
柠檬：适量
水：55%

data

类型	Rich型，烤盘烘烤，甜面包
主要谷物	小麦
发酵方法	面包酵母发酵

葡萄干餐包类似于日本的葡萄干面包，带有葡萄干的酸甜口感，深受各年龄段人群的喜爱。这款面包是在小麦粉中加入鸡蛋和黄油，混合葡萄干制成的甜面包。“rosinenbrot”是指大型的（重量250g以上）面包，有很多混合添加了黑麦粉。

以松脆的碎肉为特色

面包屑蛋糕

Streuselkuchen

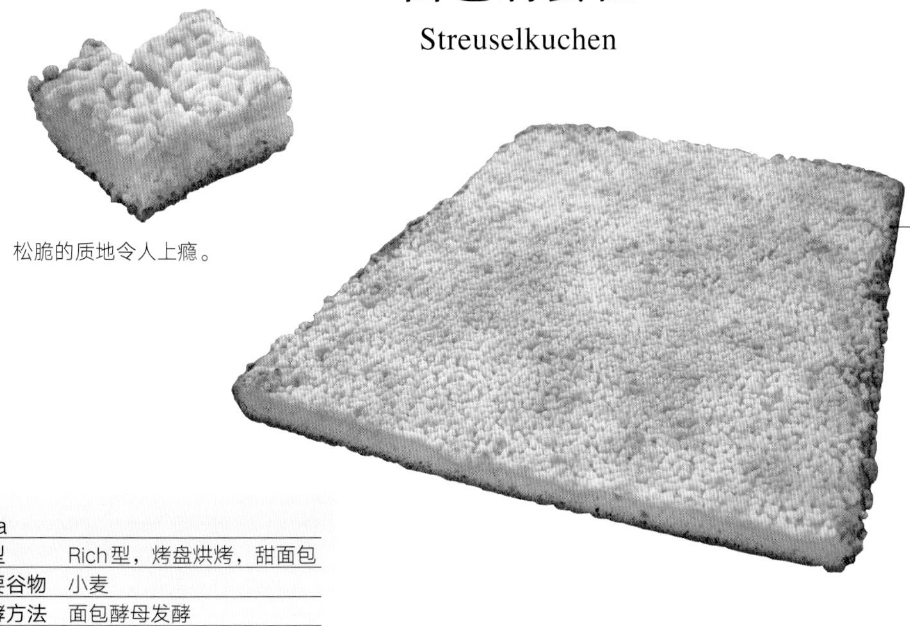

松脆的质地令人上瘾。

配方与葡萄干餐包相同。

data	
类型	Rich型，烤盘烘烤，甜面包
主要谷物	小麦
发酵方法	面包酵母发酵

面包屑蛋糕又叫脆皮奶酥蛋糕，是一款由小麦粉制成的甜面包，上面铺有奶油、黄油、小麦粉和糖，在德国北部很常见。

“streusel”的意思是碎块，而“kuchen”的意思是蛋糕。

德式果酱油炸糕点

柏林果酱包

Berliner Pfannkuchen

配方

强力粉：100%

面包酵母：5%

砂糖：10%

盐：2%

脱脂奶粉：5%

人造黄油或天然黄油：10%

全蛋：15%

蛋黄：15%

水：15%

糖粉：适量

里面的果酱是覆盆子、蔓越莓和杏。

data	
类型	Rich型，油炸面包
主要谷物	小麦
发酵方法	面包酵母发酵

柏林果酱包是一款德国油炸糕点，据说是甜甜圈的原型。最具代表性的做法是将混有葡萄干的面团油炸后，在里面放入果酱，但不同地区也有各种各样的变化。

柏林果酱包是一款在柏林流传下来的油炸糕点，是由柏林面包师于1756年制成的。据说当时那名面包师想参军，不过他被告知身体检查不符合服役标准。幸运的是，糕点师最后仍被允许在军队里担任炊事兵，他在没有烤箱的环境中使用平底锅完成了这款面包，以方便战时制餐。当时是用平底锅煎（德语平底锅为pfanne），所以叫“Berliner Pfannkuchen”这个名字。面团在油中炸好后，将果酱装入里面，撒上大量的糖粉就制作完成了。

在德国十分流行

罂粟蜗牛面包

Mohnschnecken

新鲜出炉的口感最好。/k

配方

法式面包专用面粉：100%
面包酵母：9%
砂糖：11%
盐：1.5%
人造黄油或天然黄油：12.5%
水：52%
黄油（折叠用）：50%～100%

data

类型	Rich型，烤盘烘烤，甜面包
主要谷物	小麦
尺寸	长11cm×宽10cm×高2.5cm
重量	52g
发酵方法	面包酵母发酵

这是一款旋涡状的糕点，面团里卷着用甜牛奶煮过的黑罂粟籽，表面经常涂上糖霜。“schnecken”的意思是蜗牛，“mohn”是指泥状馅料，常用马铃薯泥，也有加入核桃仁的。罂粟蜗牛面包带有酥脆的口感和罂粟籽的香气。

坚果味，非常适合搭配咖啡

坚果蜗牛面包

Nussschnecken

坚果的苦味和面团的甜味，与咖啡或牛奶搭配相得益彰。/k

“nuss”在德语中是坚果的意思。将核桃或榛子等坚果酱卷入面团，并形成螺旋形。

做好的坚果蜗牛面包松脆香甜，肉桂和黄油的香味蔓延开来，非常好吃。甜苦参半的坚果适合成年人的口味。

data

类型	Rich型，烤盘烘烤，甜面包
主要谷物	小麦
尺寸	长12cm×宽11.5cm×高3cm
重量	65g
发酵方法	面包酵母发酵

Europe・欧洲

奥地利面包

Austrian Bread

随着国家的繁荣，诞生了许多面包

历史上，奥地利首都维也纳曾一度是欧洲的政治、经济和文化中心，不仅是音乐王国，更孕育了丰富的面包饮食文化。从13世纪开始，以维也纳为基地的哈布斯堡王朝统治着广阔的土地。这一时期，维也纳孕育并发展了各种各样的饮食文化。在面包和甜点的制作开发上，可以说欧洲起到了关键作用。那时诞生了许多技术，如面包酵母培养技术、麦芽的使用技术、麦粒抛光技术以及小麦面粉质量提升技术等，都支撑着现在的面包生产。还有一种说法认为，维也纳是可颂、布里欧修、丹麦面包的发源地。

奥地利甜面包种类繁多，其中，凯撒面包近年在日本很受欢迎。在奥地利，除了面包店，超市和大型商店也提供物美价廉的面包，据说可占其国内面包市场的30%以上。

源自皇冠的经典硬面包

凯撒面包

Kaisersemmeln

data

类型	Lean型，烤盘烘烤，甜面包
主要谷物	小麦
发酵方法	面包酵母发酵

因其表面的花纹像皇帝佩戴的王冠，所以称为凯撒（“kaiser”意为皇帝）面包。凯撒面包在奥地利诞生后，在德国也很流行。过去，人们通过手工折布料在表面制作花纹，现在常使用特殊的模具制作花纹。凯撒面包外皮酥脆、质地轻盈、小麦味浓郁，还有各种口味可供选择，如芝麻味、罂粟籽味以及原味。除了作配菜外，还可用于制作三明治，中间夹上火腿或香肠。新鲜出炉的比较好吃，在德国被称为“两小时面包”。

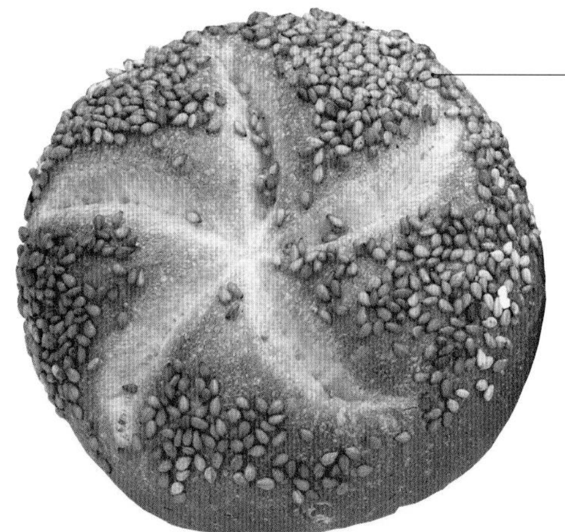

配方
法式面包专用面粉：100%
面包酵母：4%
盐：2.2%
脱脂奶粉：0.5%
发酵粉：2%
起酥油：1.5%
麦芽糖浆：0.5%
维生素C：30mg/L
水：60%

最好在刚出炉3 ~ 4h内吃完。用它做成夹着腌鲱鱼、洋葱的三明治，味道很好，在奥地利很受欢迎。

黑芝麻味（左）和原味（右）

新鲜出炉的口感酥脆

瓦豪小面包

Wachauer Laibchen

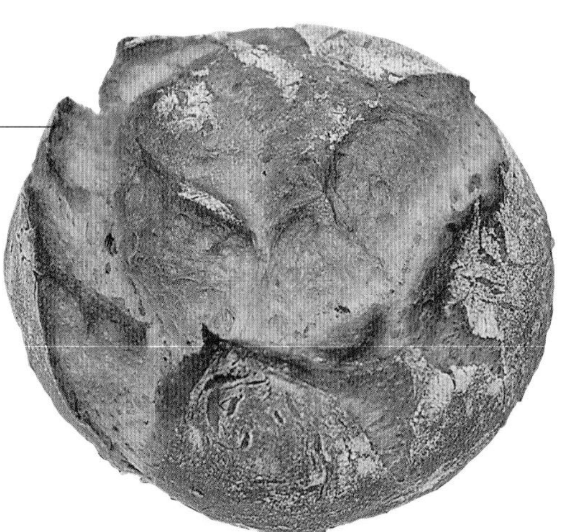

配方
法式面耐用面包粉：75%
黑麦粉：25%
盐：2.2%
发酵粉：4%
起酥油：1%
香菜籽：1.5%
麦芽糖浆：0.5%
维生素C：30mg/L
水：70%

建议涂抹黄油或果酱享用，或利用其松脆的质地制作三明治。

data

类型	Lean型，直接烘烤，主食面包
主要谷物	小麦
发酵方法	面包酵母发酵

“wachau”是指奥地利瓦豪河谷，多瑙河最为幽美深邃的一段，以其美丽的景色而闻名。“laibchen”是小面包的意思。瓦豪小面包诞生于街头的小面包店，并逐渐流传开来。

小麦粉中加入25%黑麦粉，表面有玫瑰般的花纹。在撒有大量黑麦粉的帆布上揉面团，成形时封口朝下发酵，然后将封口朝上烤，就会形成花朵的形状。

瓦豪小面包是一种类似于凯撒面包和玫瑰面包卷的硬面包，新鲜出炉的味道最好，可以享受外皮酥脆的口感。因为它会随着时间的推移而变硬，所以正宗面包店销售的都是新鲜出炉2 ~ 3h的瓦豪小面包。对半切的时候，水平方向横切口感更好，更耐嚼。

享受葵花子和南瓜子的味道

瓜子仁面包

Sonnenblumen

data	
类型	Lean型，直接烘烤，主食面包
主要谷物	小麦
发酵方法	面包酵母发酵

瓜子仁面包是奥地利家庭餐桌上的常见主食。将葵花子和南瓜子揉入面团中，再撒一些在表面上。面团主要是小麦粉和黑麦粉混合而成。有时只放葵花子和南瓜子，有时加入燕麦和芝麻等其他辅料。

黑麦粉和瓜子仁富含膳食纤维，与黄油和奶油奶酪很相配。

配方

法式面包专用面粉：70%
黑麦粉：30%
燕麦：10%
面包酵母：4%
砂糖：2%
盐：2%
发酵粉：5%
人造黄油：5%
全蛋：6%
麦芽糖浆：0.5%
维生素C：30mg/L
水：64%
焦糖：2%
香料混合物：0.8%
葵花子：18%
南瓜子：15%

表面的咸味是重点

盐面包

Salzstangen

data	
类型	Lean型，直接烘烤，主食面包
主要谷物	小麦
发酵方法	面包酵母发酵

一定要品尝刚出炉的盐面包，口感爽脆，与啤酒很配。

配方

与凯撒面包基本相同。

盐面包是一种在奥地利很受欢迎的小面包，“salz”的意思是盐，“stangen”的意思是棍子。将面团擀薄后，整形成细长的可颂，表面撒上香菜籽和盐，在奥地利非常受欢迎。

满满的坚果，高级的口感

坚果面包

Nussbeugel

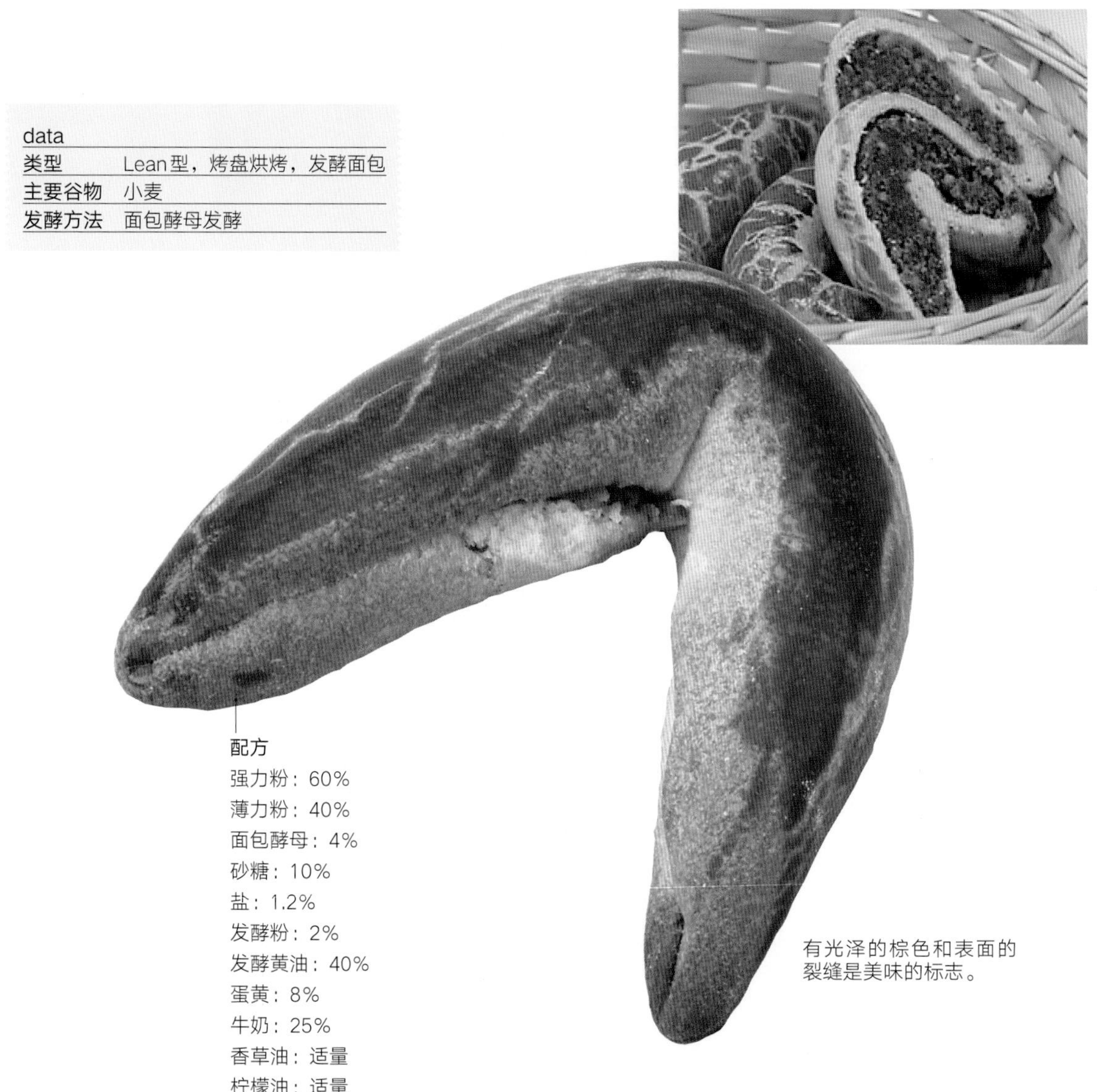

data	
类型	Lean型，烤盘烘烤，发酵面包
主要谷物	小麦
发酵方法	面包酵母发酵

配方

强力粉：60%
薄力粉：40%
面包酵母：4%
砂糖：10%
盐：1.2%
发酵粉：2%
发酵黄油：40%
蛋黄：8%
牛奶：25%
香草油：适量
柠檬油：适量

有光泽的棕色和表面的裂缝是美味的标志。

从字面上翻译，“nussbengel”的意思是“弯曲的坚果点心”。“nus”的意思是坚果，“beugel”来源于“bogen”，是一种滑雪方法，呈“内八”的姿势，主要用于减速。坚果面包可以塑造成其他形状，但最传统的是图片中的V形，像滑雪的姿势，其特点是表面有光泽，外壳有裂纹，类似于瑞士的榛子马蹄面包。坚果面包里面充满了由榛子和核桃制成的馅料。面团中含有牛奶、鸡蛋、发酵黄油等。不同面包店，填充物可能会有所不同。它含有面包酵母，但质地更像饼干而不是面包。将松脆的面包放入口中，就能尝到淡淡的朗姆酒香味，与咖啡或红茶非常搭。可以冷冻长期保存。

常用于庆祝活动的传统点心

维也纳古格霍夫面包

Wiener Gugelhupf

配方

- 面团

面包酵母：5%
强力面粉：100%
揉面用黄油：2%
脱脂奶粉：3%
水：50%
葡萄干：69%
朗姆酒：6%

- 奶油配料

全蛋：20%
蛋黄：10%
砂糖：13.5%
盐：2.5%

- 发酵黄油混合物

发酵黄油：50%
香草油：适量
柠檬油：适量

在模具中烘烤而成。

data	
类型	Rich型，模具烘焙，发酵面包
主要谷物	小麦
发酵方法	面包酵母发酵

“gugelhupf”的意思是圆形山丘。婚礼和节日庆典常用蛋糕之一，它含有葡萄干和其他成分，有甜美和奢华的味道。先混合奶油配料，再加入其余成分，最后混合制成面团。

充满果酱和馅料的面包

环形面包

Kranzkuchen

配方

- 面团

强力粉：100%
面包酵母：5%
砂糖：14%
盐：1.8%
发酵粉：2%
人造黄油或天然黄油：25%
全蛋：24%
牛奶：37.5%
香草油：适量
柠檬油：适量

- 榛子馅

榛子馅混合粉：100%
水：25%
朗姆酒：3%

表面的杏酱和翻糖起到提升光泽和增加香味的作用。

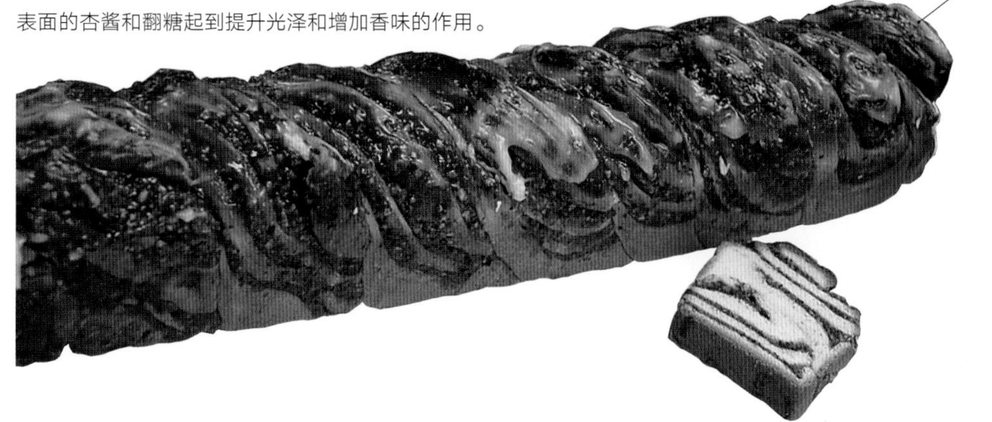

这是一种类似蛋糕的面包，用甜甜的面团包裹着榛子馅。烘烤后，表面涂上杏酱和翻糖溶液。除了照片所示的长条形之外，还有环形。它很大，所以一般切成小块食用。

data	
类型	Rich型，模具烘焙，发酵面包
主要谷物	小麦
发酵方法	面包酵母发酵

像牛角面包形状的奶油面包

维也纳奶油面包

Wiener Briochekipfel

在维也纳，常作为早餐或小吃享用。

配方

强力粉：60%
薄力粉：40%
面包酵母：7%
砂糖：12%
盐：1.4%
脱脂奶粉：4%
发酵粉：1.5%
人造黄油或天然黄油：24%
全蛋：20%
蛋黄：4%
水：28%

data	
类型	Rich型，烤盘烘烤，甜面包
主要谷物	小麦
发酵方法	面包酵母发酵

这是一款奶油蛋卷面团做的甜面包。“kipfel”的意思是牛角面包。面团中混合了大量的脂肪、糖、鸡蛋等，质地蓬松，口感柔软、湿润。形状可作变化，顶部也可以撒糖装饰。

充满芝士的香味

芝士馅小面包

Topfenbuchtel

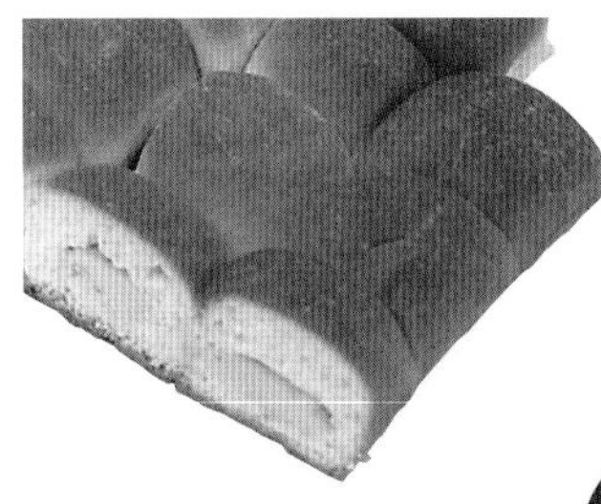

芝士馅小面包在奥地利家庭、餐馆和咖啡店均常见。

配方

• 面团
强力粉：60%
薄力粉：40%
面包酵母：7%
砂糖：12%
盐：1.6%
脱脂奶粉：4%
潘妮朵尼酵种粉：20%
人造黄油或天然黄油：24%
全蛋：20%
蛋黄：4%
水：37%

• 馅料
奶油奶酪：100%
上白糖：34%
奶油：30%
全蛋：12%
蛋奶沙司粉：20%
脱脂奶粉：2%
盐：少许
香草油：适量
柠檬油：适量

data	
类型	Rich型，烤盘烘烤，甜面包
主要谷物	小麦
发酵方法	面包酵母发酵

这是一种以奶油奶酪为馅料制作的甜面包。“buchtel”是书的形状的意思。用奶油奶酪作馅料，面团表面涂上人造黄油，然后并排将小面团摆在烤盘中烘烤而成。

Europe・欧洲

瑞士面包

Swiss Bread

在瑞士的冬季，最为人所称道的御寒美食就数奶酪火锅（fondue）了，被称为瑞士的国菜。奶酪火锅是用比较硬的干奶酪擦成丝，和白葡萄酒一起煮，等奶酪融化了，用叉子插着切成小块儿的面包或者水果蘸着融化的奶酪吃。瑞士奶酪常用面包作涮品，面包的制作要充分考虑与奶酪的适配度。

瑞士的面包种类也很丰富，大约有200多种。瑞士德语区的人们主要食用黑面包，而法语区和提契诺州的人们则更倾向于食用白面包。

古风编织面包

辫子面包

Zopf

data

类型	Rich型，烤盘烘烤，主食面包
主要谷物	小麦
尺寸	长25cm × 宽8cm × 高7cm
重量	219g
发酵方法	面包酵母发酵

配方
法国面包专用面粉：100%
面包酵母：5.5%
食盐：2.2%
酵母粉：3%
人造黄油（无盐）：17%
全蛋：5.5%
牛奶：56%
麦芽糖浆：1%

它常作为小吃或早点食用。刚出炉的味道比较好。/e

“zop”的意思是辫子。在信奉天主教的瑞士，人们有每周日去教堂做礼拜，回家后全家一起吃辫子面包的习惯。因此，星期六面包店货架上会摆很多辫子面包。如今，辫子面包在德国、瑞士和奥地利等地也很流行。

做法一般是将面团擀成细长条，然后编织成形，两层到六层不等。辫子面包含黄油、鸡蛋和糖，但不怎么甜。它可以有多种变化，也可以增加甜味，或加入葡萄干、柠檬、橙皮以及杏仁片等。面包口感柔软、湿润，并散发着浓郁的黄油风味。

彼此连接的小面包

提契诺面包

Tessinerbrot

配方

法国面包专用面粉：100%
面包酵母：4%
盐：2%
发酵粉：2.5%
麦芽糖浆：1%
水：50%

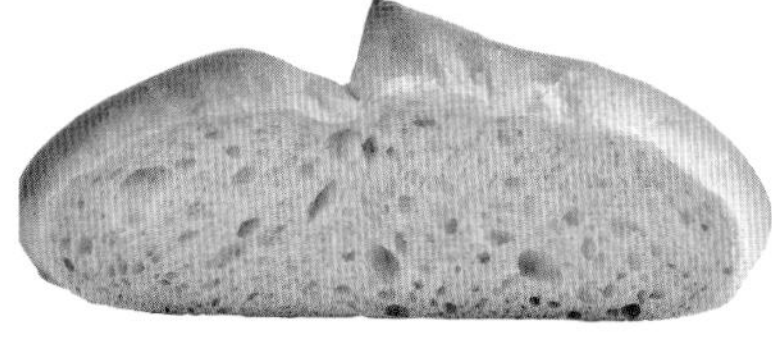

浅褐色且新鲜出炉的提契诺面包口感最好。/n

data	
类型	Lean型，烤盘烘烤，主食面包
主要谷物	小麦
尺寸	长23cm × 宽17.5cm × 高6.57cm
重量	446g
发酵方法	面包酵母发酵

这是一款来自瑞士提契诺州的经典面包，如今在瑞士各地都能吃到。它的特点是将几块重60 ~ 100g的小面包连接起来一起烘烤，食用时不用刀切，直接用手掰成小块食用。小面包表面用剪刀剪出裂口，便于用手掰开，质地松脆，类似凯撒面包的口感。目前，市面上还有一种口感柔软的类型，面团里添加了较多的油脂。

马蹄形的伯尔尼甜点

榛子马蹄面包

Meitschibei

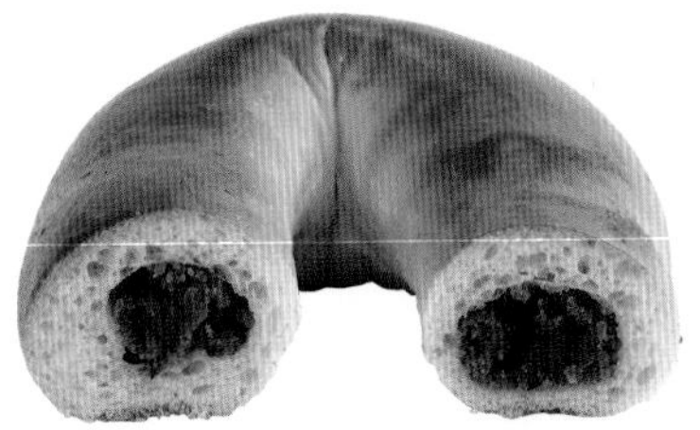

烤成茶色且有光泽时最好吃。/ n

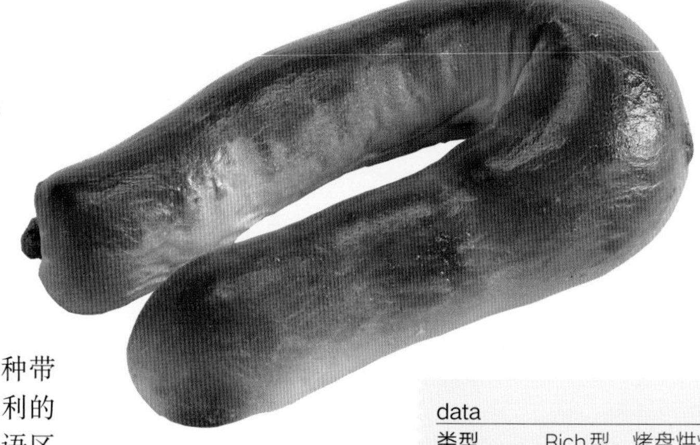

“meitschibei”意为少女的脚，是一种带有坚果馅的甜面包，形状和味道与奥地利的坚果面包相似。榛子马蹄面包在瑞士法语区又被称为羊角面包（viennese croissant）。面包质地柔软，馅料湿润，带有一丝肉桂味。不同的面包店馅料不同。

data	
类型	Rich型，烤盘烘烤，发酵面包
主要谷物	小麦
尺寸	长12.5cm × 宽7cm × 高3cm
重量	51g
发酵方法	面包酵母发酵

Europe · 欧洲

法国面包

French Bread

变化多端，味道丰富

面包是法国人一日三餐不可或缺的食物，他们都是从面包店购买新鲜面包。因此，很多面包店在早上6点左右开始营业，以便售卖早餐。

根据面团的成分，面包的种类大致可以分为三种。第一种是传统法式面包，如法棍面包和巴塔面包，外皮松脆，带有小麦粉的味道。仅使用小麦粉、面包酵母、水和盐制成，配方简单，被称为“传统法式面包”。法国小麦的蛋白质含量相对较低，导致面团弹性较差，外壳松脆，口感软糯。此外，由于它不含糖或油等辅助材料，面包小麦面粉和酵母的风味更突出。一种面团可以制成不同重量和形状的面包，每种面包所含的油脂配比及烹饪方法不同，可以享受不同的美味。

第二种是Rich型法式面包，例如塞满黄油的可颂、奶油风味浓郁的布里欧修等，这些也被称为维也纳糕点面包。虽然经典的法国早餐是可颂配牛奶、咖啡，但在法国法棍面包比可颂便宜，所以节俭的法国人早上吃法棍面包的人更多。

第三种是掺有黑麦粉的乡村面包，其制作方法和形状因地区而异。基本上使用的是野生酵母，发酵的时间较长，因此乡村面包具有发酵的特殊香气、酸味，且口感湿润，比法棍面包和可颂面包更易保存。

最著名的法式面包

法棍面包

Bâguette

配方

法式面包专用面粉：100%

面包酵母：1.5%

盐：2%

麦芽糖浆：0.2%

维生素C：0.0006%

水：68%

data	
类型	Lean型，烤盘烘烤，主食面包
主要谷物	小麦
尺寸	长60cm × 宽7cm × 高4cm
重量	250g
发酵方法	面包酵母发酵，可采用直接法、老面法以及液种法等

美味的法棍面包，其割纹开裂，外表呈棕色且酥脆，内部柔软，有大大小小的气泡。/i

传统法式面包是用小麦粉、面包酵母、水和盐制成的Lean型面包。面包味道往往会因材料配比、制造方法、温湿度而有所不同。

其中，法棍面包是法国家庭吃得最多的面包，“bâguette”在法语中意为棍子或手杖。法棍面包口感好、外皮酥脆，推荐给那些喜欢吃外层酥脆面包的人。味道咸淡适中，与许多料理都能搭配，是餐桌上的超值佳品。刚烤出来的法棍面包最香脆。烤好后放置片刻，面包外层的香气和味道就会渗透到内部。

拥有3条较粗的割纹

巴塔面包

Batard

data	
类型	Lean型，烤盘烘烤，主食面包
主要谷物	小麦
尺寸	长42cm × 宽9cm × 高6cm
重量	262g
发酵方法	面包酵母发酵

说到在日本最受欢迎的法式面包，就是这款黄油面包。“batard”在法语中意为中间，厚度介于法棍面包和里弗尔面包（Deux Livres，重量约850g，长约55cm）之间。

巴塔面包以粗短的形状和3条粗割纹为标志。即使巴塔面包是用法棍面包的面团制成的，但形状会对味道产生很大影响。棒状法式面包越长面包皮越脆，越短口感越松软。可以将巴塔面包切成厚片和蔬菜等搭配在一起吃，也非常适合做三明治。

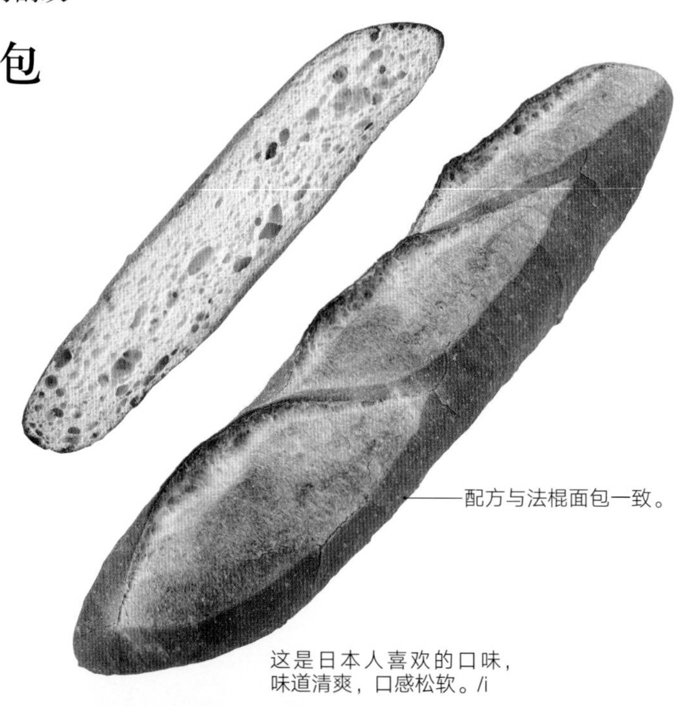

配方与法棍面包一致。

这是日本人喜欢的口味，味道清爽，口感松软。/i

大一号的法式长棍面包

巴黎人面包

Parisien

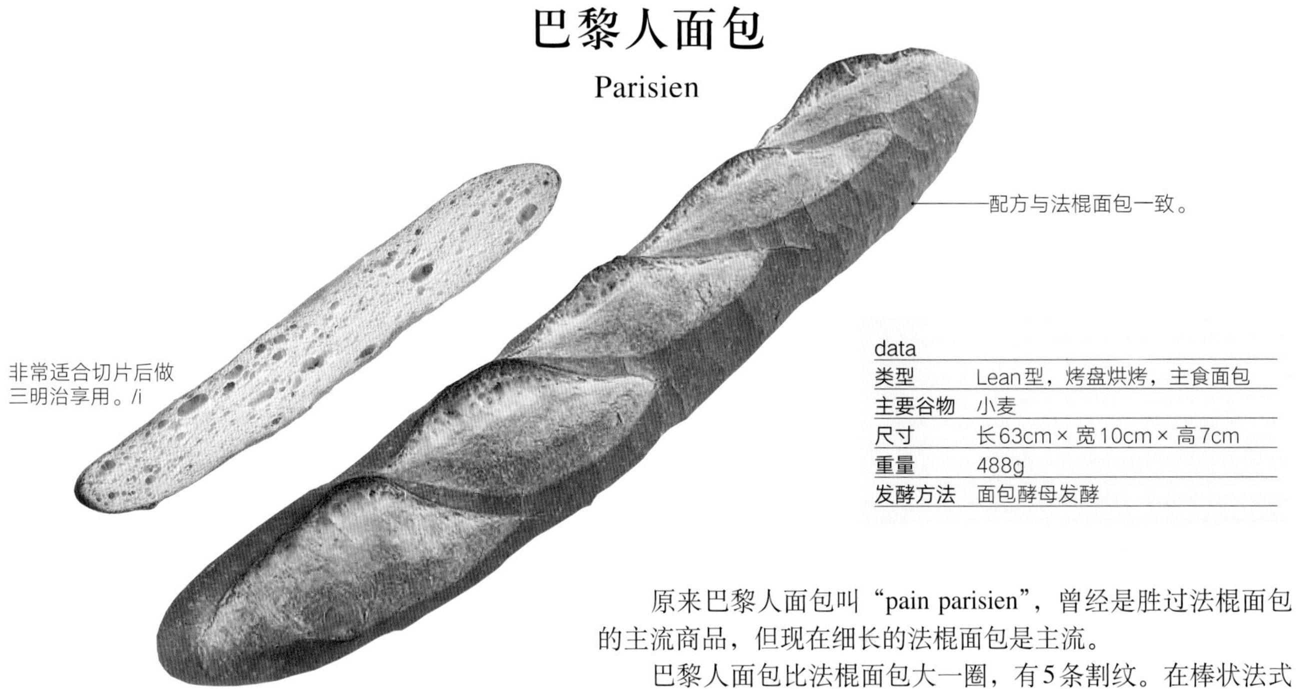

非常适合切片后做三明治享用。/i

data

类型	Lean型，烤盘烘烤，主食面包
主要谷物	小麦
尺寸	长63cm×宽10cm×高7cm
重量	488g
发酵方法	面包酵母发酵

原来巴黎人面包叫“pain parisien”，曾经是胜过法棍面包的主流商品，但现在细长的法棍面包是主流。

巴黎人面包比法棍面包大一圈，有5条割纹。在棒状法式面包中，它更粗，切割时横截面更大，适合做三明治。

特征是比法棍面包更细

细绳面包

Ficelle

data

类型	Lean型，烤盘烘烤，主食面包
主要谷物	小麦
尺寸	长36cm×宽5.5cm×高4.5cm
重量	104g
发酵方法	面包酵母发酵

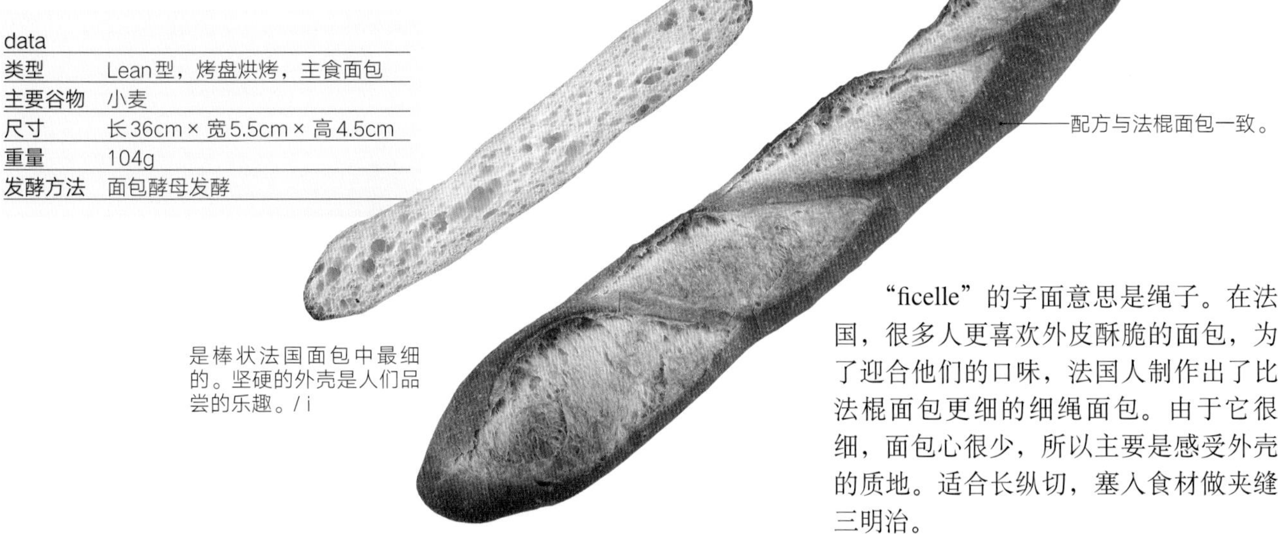

是棒状法国面包中最细的。坚硬的外壳是人们品尝的乐趣。/i

“ficelle”的字面意思是绳子。在法国，很多人更喜欢外皮酥脆的面包，为了迎合他们的口味，法国人制作出了比法棍面包更细的细绳面包。由于它很细，面包心很少，所以主要是感受外壳的质地。适合长纵切，塞入食材做夹缝三明治。

球一样的面包

球形面包

Boule

配方与法棍面包一致。

质地蓬松柔软，还有一种流行吃法，就是把里面掏空，加炖菜等享用。/i

“boule”在法语中意为球。这款面包呈半球形，表面有“十”字形割纹。球形面包外皮脆，内里柔软，做吐司或三明治很好吃。

data

类型	Lean型，烤盘烘烤，主食面包
主要谷物	小麦
尺寸	直径16.5cm × 高9cm
重量	292g
发酵方法	面包酵母发酵

形状像麦穗一样的面包

麦穗面包

Epi

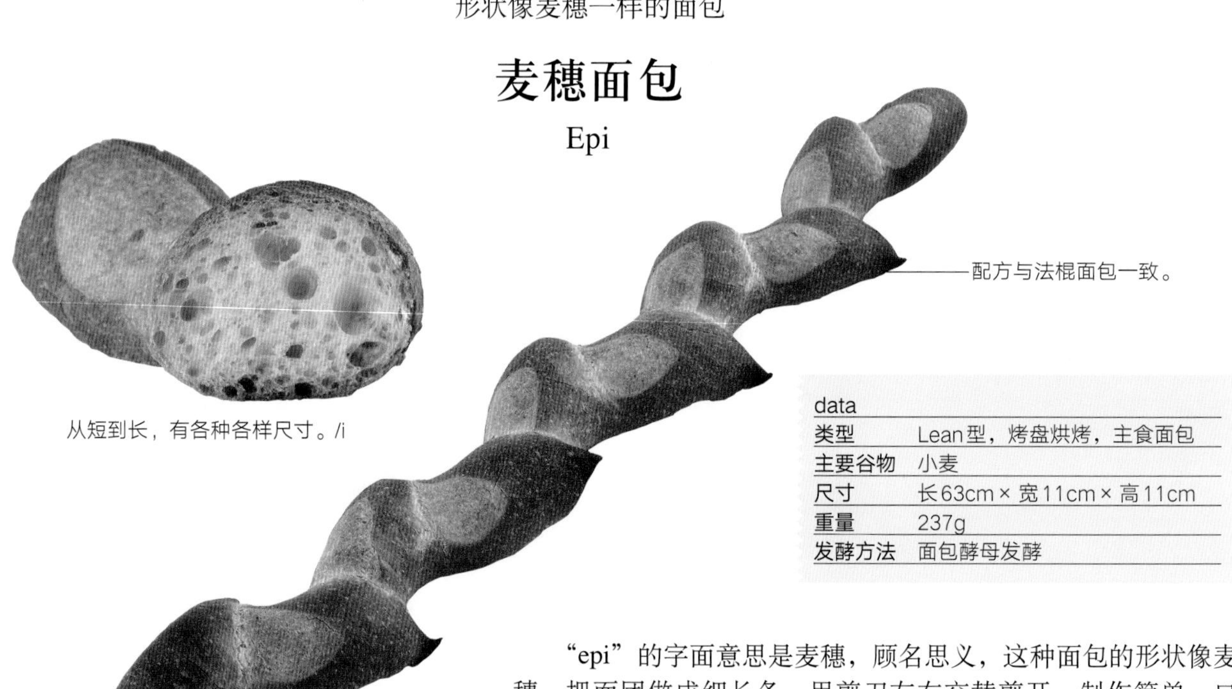

从短到长，有各种各样尺寸。/i

配方与法棍面包一致。

data

类型	Lean型，烤盘烘烤，主食面包
主要谷物	小麦
尺寸	长63cm × 宽11cm × 高11cm
重量	237g
发酵方法	面包酵母发酵

“epi”的字面意思是麦穗，顾名思义，这种面包的形状像麦穗。把面团做成细长条，用剪刀左右交替剪开。制作简单，口感酥脆，尤其是面包尖尖的部分特别香。人们常一块块撕着吃。

除了原味的，还有在里面加入培根和奶酪的也很受欢迎。

口感松脆，外表像个烟盒

烟盒面包

Tabatière

配方与法棍面包一致。

根据尺寸不同口感也不同，越小的口感越脆。/i

data	
类型	Lean型，烤盘烘烤，主食面包
主要谷物	小麦
尺寸	长13cm × 宽9.5cm × 高8.5cm
重量	118g
发酵方法	面包酵母发酵

“tabatière”的意思是烟盒。用擀面杖将揉好的面团的一端1/3左右擀薄，盖在圆形部分成形，发酵后，把看起来像盖子的部分朝下烘焙。面包顶部和外皮酥脆，口感柔软。

享受不同的口感

香菇面包

Champignon

配方与法棍面包一致。

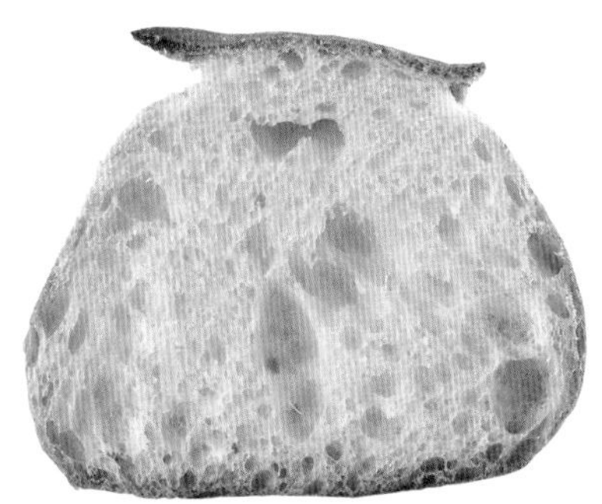

将盖子和下面的面团分开，建议将其挖空作容器享用。/i

data	
类型	Lean型，烤盘烘烤，主食面包
主要谷物	小麦
尺寸	长8.5cm × 宽7.5cm × 高6cm
重量	35g
发酵方法	面包酵母发酵

香菇面包因外观像香菇的形状而得名。将薄薄的面片放在圆形面团上，倒置发酵后烘烤。盖子香脆可口，内部柔软蓬松，既能享用面包皮又能享用面包瓤。

口感厚重，吃起来很过瘾

双胞胎面包

Fendu

配方与法棍面包一致。

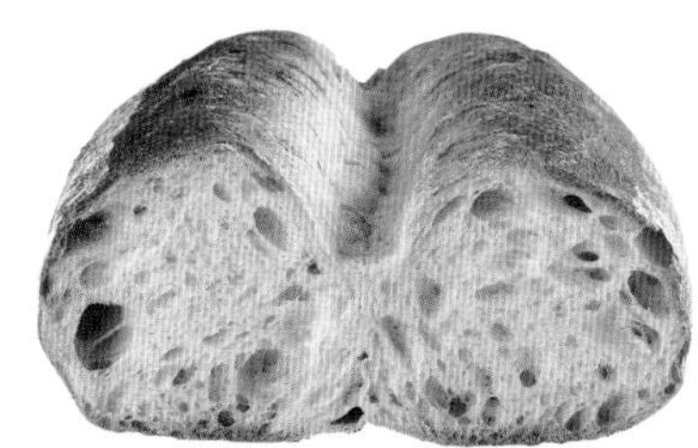

推荐切片后放入烤面包机或烤箱里烤一下再吃。/i

data	
类型	Lean型，烤盘烘烤，主食面包
主要谷物	小麦
尺寸	长26.5cm × 宽14cm × 高7cm
重量	321g
发酵方法	面包酵母发酵

外观像紧密相连的两座山丘。面团中央用擀面杖按压，使其凹陷。“fendu”在法语中的意思是双胞胎。面包皮坚硬耐嚼、面包瓤质地柔软，双胞胎面包将两种口感合二为一。

做法简单的法式面包

刀痕面包

Coupé

配方与法棍面包一致。

面包皮很香，面包瓤质地非常柔软。/i

data	
类型	Lean型，烤盘烘烤，主食面包
主要谷物	小麦
尺寸	长14cm × 宽8cm × 高6cm
重量	68g
发酵方法	面包酵母发酵

刀痕面包呈橄榄球形。“coupé”在法语中意思是被切开，中央有一条开口很大的割纹，可在里面塞上满满的奶油，软软的很好吃，在日本人气很高。

让巴黎人怀念故乡的乡村面包

法式乡村面包

Pain de Campagne

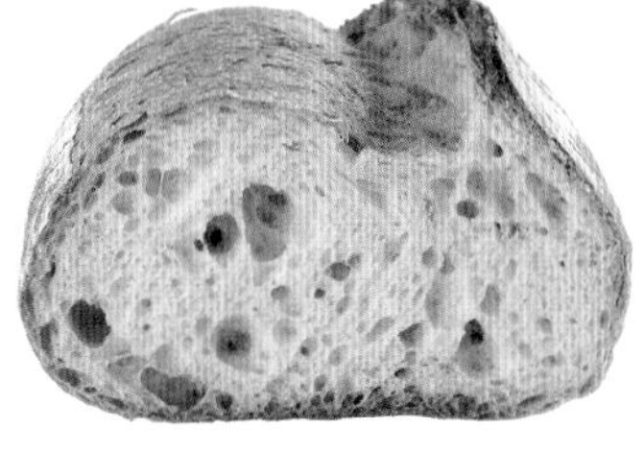

凉了之后才好吃，常温下可以保存4 ~ 5天。/i

data	
类型	Lean型，烤盘烘烤，主食面包
主要谷物	小麦
尺寸	长26cm × 宽13cm × 高9cm
重量	333g
发酵方法	面包酵母发酵或鲁邦种发酵

法式乡村面包最初是由巴黎郊区的人们制作并在巴黎出售而得名。据说还被叫作“bread grandma”（祖母的面包）。采用鲁邦种发酵。因鲁邦种制作工艺较复杂，人们改进了制作方法，常使用前一天制作并冷藏的面团来替代鲁邦种，这种方法正在普及，但面包的香气和味道变得没有那么浓郁。法式乡村面包除了味道质朴外，还具有保质期长的特点。它们的大小从直径20 ~ 40cm不等，一般是海参形或圆形。面团通常由小麦粉与10% 黑麦粉混合制成，但也有很多变化。

用天然酵母制作的硬面包

鲁邦面包

Pain au Levain

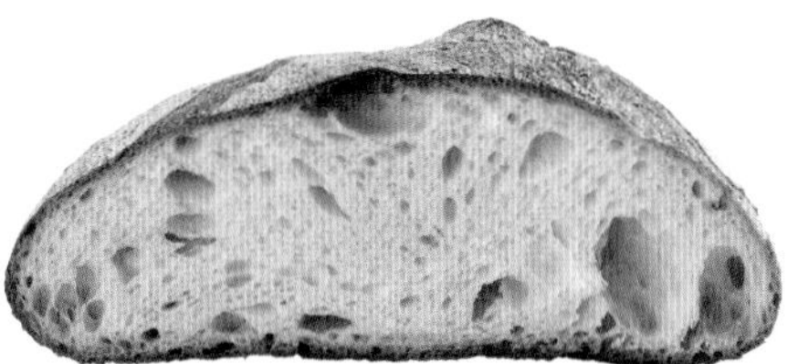

烤好放至第二天是最好吃的，保质期一周左右。/ i

配方

鲁邦种：33%
法式面包专用粉：90%
黑麦粉：10%
面包酵母：0.15%
食盐：2.1%
麦芽糖浆：0.3%
水：65%

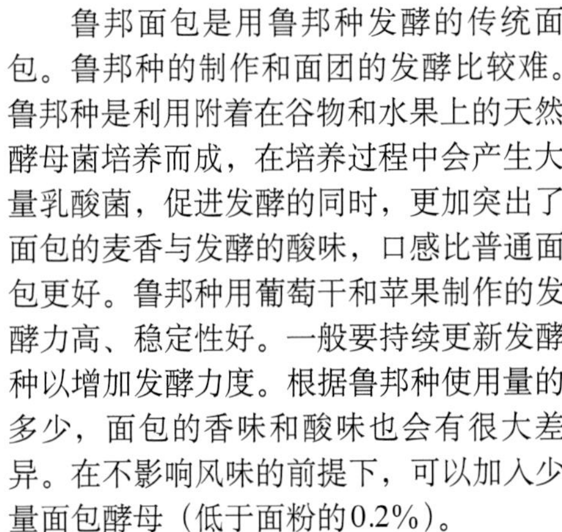

data	
类型	Lean型，烤盘烘烤，主食面包
主要谷物	小麦
尺寸	长24cm × 宽24cm × 高16cm
重量	833g
发酵方法	鲁邦种发酵

鲁邦面包是用鲁邦种发酵的传统面包。鲁邦种的制作和面团的发酵比较难。鲁邦种是利用附着在谷物和水果上的天然酵母菌培养而成，在培养过程中会产生大量乳酸菌，促进发酵的同时，更加突出了面包的麦香与发酵的酸味，口感比普通面包更好。鲁邦种用葡萄干和苹果制作的发酵力高、稳定性好。一般要持续更新发酵种以增加发酵力度。根据鲁邦种使用量的多少，面包的香味和酸味也会有很大差异。在不影响风味的前提下，可以加入少量面包酵母（低于面粉的0.2%）。

鲁邦面包特有的酸味，还有防腐效果，因此其保质期较长。鲁邦面包适合搭配几乎所有料理，但与味道浓郁的奶酪、香肠、熏肉等一起食用更美味。

水分量多是特征

洛代夫面包

Pain de Lodève

配方

鲁邦种：30%

法式面包专用面粉：70%

强力粉：30%

面包酵母：0.2%

食盐：2.5%

麦芽糖浆：0.2%

水：88%

其特点是面包孔隙数量少，但孔隙大，外壳耐嚼。/i

data	
类型	Lean型，烤盘烘烤，主食面包
主要谷物	小麦
尺寸	长9cm×宽20cm×高7cm
重量	396g
发酵方法	用面包酵母发酵或鲁邦种发酵

洛代夫（lodève）这款面包起源于法国南部的一个小镇，面团含有大量的水分，达到了面包材料配比的极限，面团松散、黏性高，很难处理。将面粉和水充分搅拌，让面粉和水自动形成麸质，使水更好的被面粉吸收。精品洛代夫面包心中具有大气泡，像乡村面包一样。但因为面团含水量高，您可以享受比乡村面包更耐嚼和更湿润的口感。

享受小麦质朴的味道

洛斯提克

Pain Rustique

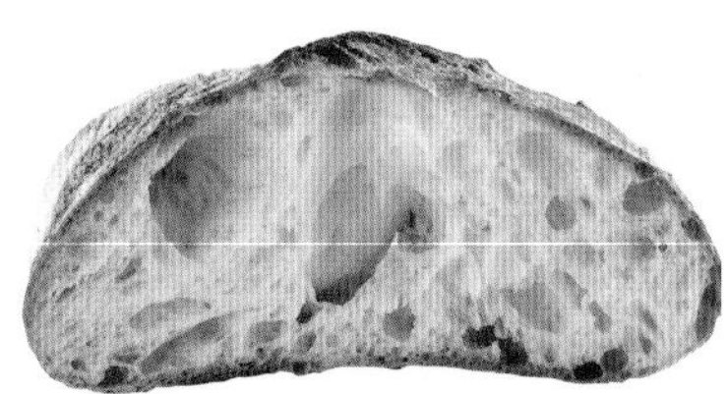

刚出炉的洛斯提克很好吃，适合搭配味道浓郁、口感柔和的浓汤或蘸酱食用。/i

配方

法式面包专用面粉：100%

速溶干酵母：0.4%

盐：2%

麦芽糖浆：0.2%

水：72%

data	
类型	Lean型，烤盘烘烤，主食面包
主要谷物	小麦
尺寸	长19cm×宽13cm×高7.5cm
重量	234g
发酵方法	面包酵母发酵或面团发酵，其特点是分割后的面团不揉圆、不整形，直接进行最终发酵

该面包由法国面包大师雷蒙德·卡威尔（Raymond Calvel）于1983年，在洛代夫面包的基础上改进而成。

洛斯堤克气泡少，面包皮很薄，面包瓤质地轻盈，口感紧实，越嚼越觉得有小麦的香甜。

味道和外观都很朴素的全麦面包

法式全麦面包

Pain Complet

市面上海参形和方形更常见。/ i

data	
类型	Lean型，烤盘烘烤，主食面包
主要谷物	小麦
尺寸	24cm × 宽9.5cm × 高6.5cm
重量	249g
发酵方法	面包酵母发酵或鲁邦种发酵

该面包是用没有去掉外面麸皮和麦胚的全麦粉制作而成，“pain complet”的字面意思是“完美的面包”。

全麦面包表面为深褐色，内部为浅褐色，孔隙细腻。因为含有大量的全麦粉，所以成品很厚重，富含维生素、矿物质和植物纤维。

口感酥脆，令人愉悦的面包

核桃面包

Pain Aux Noix

这款面包配料简单，香喷喷的奶油和核桃真是绝配。/ i

data	
类型	Rich型或Lean型，烤盘烘烤，主食面包
主要谷物	小麦
尺寸	长18cm × 宽9cm × 高6.5cm
重量	159g
发酵方法	面包酵母发酵

“noix”的意思是核桃。通过在配料简单的面团中添加烤核桃，可以享受坚果的香味。

此外，在日本，有各种核桃面包，通常是椭圆形或圆形的，可能含有各种果干或其他坚果。我们建议将其切片搭配黄油和奶酪食用。

口感湿润柔软的法国白吐司

庞多米

Pain de Mie

配方与英国吐司类似。

据说庞多米是20世纪初从英国传入日本的，与英国面包的配方类似，与流行的法国面包相比，有着甘甜、湿润的口感。“mie”是指柔软的内里，与像法棍一样享受外皮的硬脆感的面包相比，庞多米主要是享受柔软的口感。庞多米有长方形、山形、圆筒形等。可以与各种各样的料理搭配，百吃不厌。在日本，一般是切片后直接吃，也可以切片烤后抹上黄油和果酱享用，或者做成各种三明治、小点心，特别适合做法国传统三明治——火腿奶酪吐司（croque monsieur）。

烘烤完成后放置1 ~ 2h，比较容易切片 / i

data

类型	Rich型或Lean型，烤盘烘烤，主食面包
主要谷物	小麦
尺寸	长18cm × 宽9cm × 高6.5cm
重量	159g
发酵方法	面包酵母发酵

像僧侣头的面包

布里欧修

Brioche à Tête

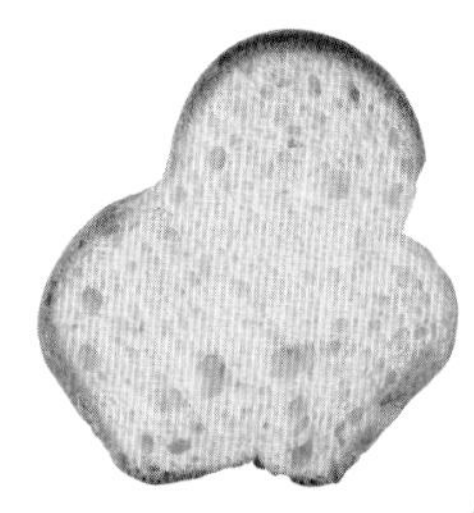

在日本，布里欧修的尺寸较小，尺寸大一点的可以切片吃。/ i

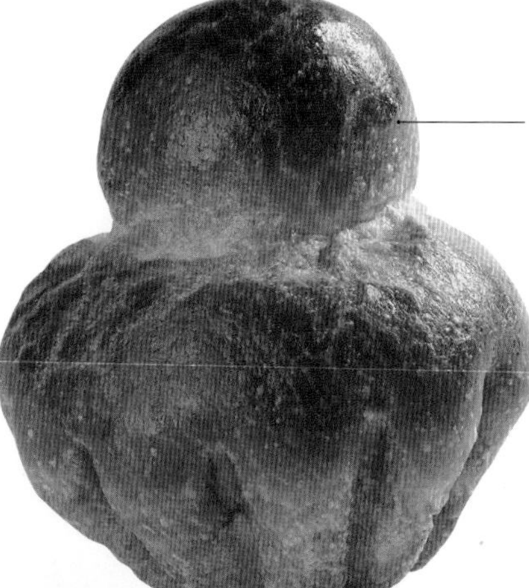

配方

强力粉：100%
面包酵母：4%
砂糖：15%
盐：2%
面团改良剂：0.2%
人造黄油或天然黄油（无盐）：40%
全鸡蛋：40%
蛋黄：5%
牛奶：20%

布里欧修使用了大量鸡蛋和黄油，是Rich型面包。它的特点是面包内部呈诱人的黄色，表面松脆，内部柔软蓬松。在法国，有时将其与香肠和鹅肝搭配做冷盘。

布里欧修是法国的加糖面包中最古老的一种。咕咕霍夫、萨伐仑松饼、格雷派饼都是从布里欧修演变而来的。布里欧修造型多变，最常见的是僧侣头形，还有皇冠形、圆筒形等。

奶油布里欧修

data

类型	Rich型，模具烘烤，主食面包
主要谷物	小麦
尺寸	长7cm × 宽7cm × 高7cm
重量	30g
发酵方法	面包酵母发酵，室温发酵1.5 ~ 2h，或低温发酵（将面团在冰箱里放一晚上）

口感像酥皮一样松脆。

可颂

Croissant

配方

法式面包专用粉：100%

面包酵母：3%

砂糖：8%

盐：2%

脱脂奶粉：4%

起酥油：5%

水：58%

人造黄油或天然黄油（折叠用）：50%

data	
类型	Rich型，烤盘烘烤，甜面包
主要谷物	小麦
尺寸	长17cm×宽8cm×高6cm
重量	40g
发酵方法	用面包酵母发酵，近来流行混合搭配鲁邦种发酵

好吃的可颂外皮吃起来酥脆。如果放置了一段时间，可在烤箱中加热，即可恢复酥松口感。/ i

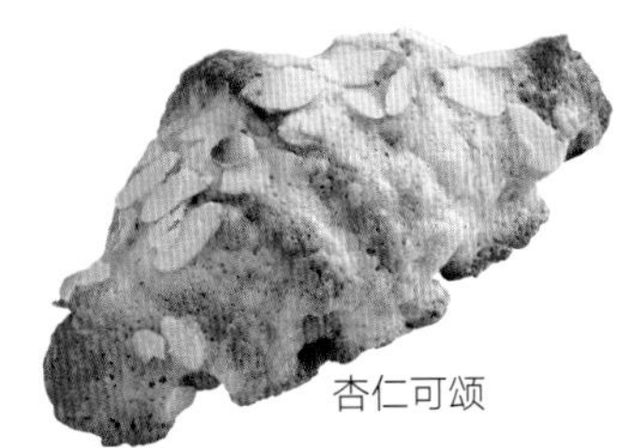

杏仁可颂

可颂又叫牛角面包、羊角面包。因为可颂的形状像个月牙，所以在法语中被称为“croissant”。在法国，100%使用黄油的多采用菱形，使用其他油脂的多采用月牙形，目前使用黄油的菱形可颂更流行。

可颂起源于奥地利维也纳。据说1683年一位深夜工作的面包师，察觉到了奥斯曼帝国军队夜间突袭，及时向奥地利军队报告，他们立刻出兵阻止了奥斯曼帝国军队的入侵。为了庆祝胜利并纪念这个面包师，维也纳的面包师以奥斯曼帝国国旗上月牙为形，创作了这款酥皮面包。

关于这款面包还有一个浪漫的传说，奥地利公主玛丽·安托瓦内特嫁入法国后，并不喜爱皇室正餐，常常偷偷跑去享用这种奥地利的甜品和咖啡。随之享用甜酥的可颂成为一种时尚，在当时法国皇室和上流社会流传开来。

可颂的特点是在发酵的面团里放入黄油烤制，面团像派的面团一样有层次，刚烤好的口感非常酥松。适合与各种食材搭配，也适合做三明治。另外，加入杏仁、奶油烘烤而成的杏仁可颂也很受欢迎。

决定美味的关键是巧克力

巧克力可颂

Pain au Chocolat

data	
类型	Rich型，烤盘烘烤，甜面包
主要谷物	小麦
尺寸	13cm×宽8cm×高4.5cm
重量	50g
发酵方法	用面包酵母发酵

烤好后，侧面会有漂亮的分层。/ i

巧克力可颂是法国代表性的面包之一。特征是圆角的长方形，面包里裹了巧克力。有些面包店还会在表面添加甜杏仁。

酥松的可颂与巧克力的浓郁甜味巧妙搭配，可以享受奢华的口感，两者的品质也决定了巧克力可颂的美味度。烤后冷却一段时间，板状巧克力的硬脆口感也很让人享受，也可以将其加热使巧克力熔化，爆浆的口感很美味。

在挑选的时候，推荐烤得焦黄、蓬松的巧克力可颂。

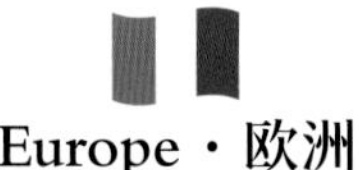

Europe · 欧洲

意大利面包

Italian Bread

意大利南北狭长的地形孕育了各种各样的面包

罗马帝国时期面包师的地位很高，人们认为烘烤的技艺非常高超，很考验面包师个人的水平，还把面包师的工作称为“烘烤的艺术”。面包店主大多是解放了的奴隶，他们在社会中备受尊敬，还能跃升阶层。有的面包师会在广场中设置公用的烤炉，各地送来的面团在这里集中烤制，作为城市公共生活的基本福利成批制作并且免费送给罗马市民。

意大利以意大利面、比萨等小麦粉制作的料理闻名，面包也是常见美食。意大利地形南北狭长，各地气候差异较大，生产的面包也不尽相同。有古罗马时代产生的表面坑坑洼洼的面包，有像零食一样口感脆脆的面包棒，有拖鞋面包——恰巴达等，都极具特色。

意大利面包常作为主食或用于制作三明治，非常适合与意大利料理搭配。意大利人制作面包喜欢掺入橄榄油，而且平时用面包喜欢蘸混入盐的橄榄油而不是黄油，也可以说这种习惯只有意大利人才有。

另外，著名的圣诞面包——潘妮朵尼也起源于意大利。用潘妮朵尼发酵种的面团，制作出了潘多洛、科伦巴等发酵面包。

外脆内软，口感微酸

恰巴塔

Ciabatta

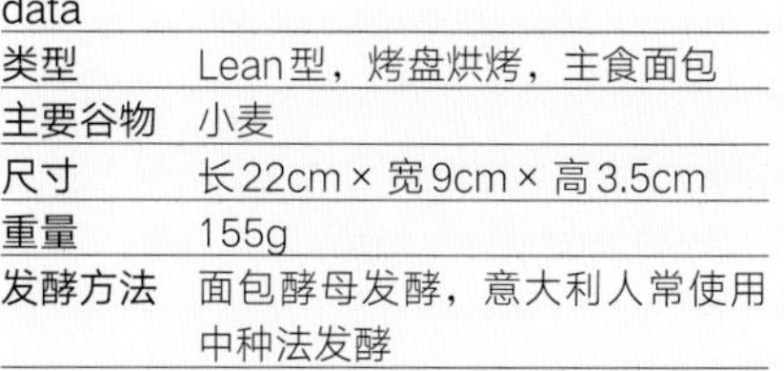

data

类型	Lean型，烤盘烘烤，主食面包
主要谷物	小麦
尺寸	长22cm×宽9cm×高3.5cm
重量	155g
发酵方法	面包酵母发酵，意大利人常使用中种法发酵

面包的气孔大，但质地湿润。刚出炉的最好吃，要尽快品尝 / i

配方

法式面包专用面粉：100%
面包酵母：1.3%
盐：2%
麦芽糖浆：1%
水：80%

恰巴塔发源于意大利北部的阿德里亚，是一款经典的意大利面包，目前在德国和北欧很受欢迎。外形很像拖鞋，而“ciabatta”在意大利语的字面意思就是“拖鞋”，做成手掌大小的圆形恰巴塔叫“ciabattini”。

在意大利，恰巴塔就像法国的法棍面包一样，经常出现在家庭餐桌上。它是由高水量面团制作而成，缓慢发酵使其产生较大的气孔。据说这款面包是从某面包店加水过多的失败案例中诞生的。恰巴塔有弹性，口感绵软。推荐纵向切开，夹上火腿和奶酪，做成意大利三明治——帕尼尼。

超像比萨的面包

佛卡夏

Focaccia

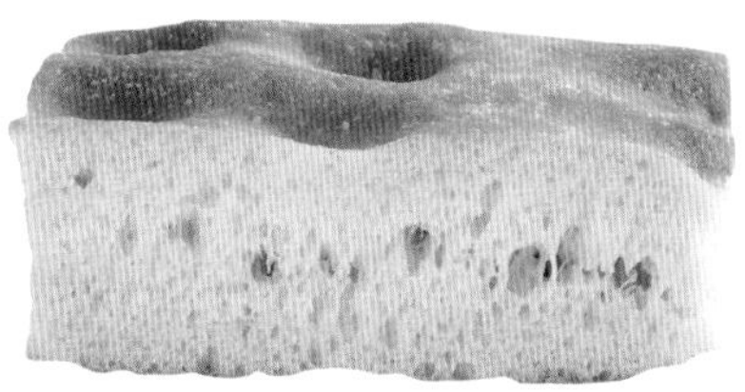

日本的佛卡夏多为圆形，但在意大利长方形也很常见，切成几块摆在餐桌上，吃起来很方便。/ b

配方

法式面包专用面粉：100%
面包酵母：2.5%
盐：2%
麦芽糖浆：1%
橄榄油：7%
水：55%

这是从古罗马时代就有的传统烤面包，发源于意大利西北部的热那亚，“focaccia”意为“用火烤的东西”，被称为比萨的原形。其特点是在擀成扁平状的面团上涂上橄榄油，用指尖在表面压出小坑后烤制。除了原味的，还有用迷迭香、橄榄、番茄干做点缀，再撒上黄油和砂糖油炸，种类非常丰富。

含盐较重的佛卡夏与啤酒、奇诺托（chinotto，意大利常见碳酸果汁）也很相配。作为下酒菜上桌的时候，会切成条状，配上橄榄油蘸料。另外，也常用其制作帕尼尼。

data

类型	Lean型，烤盘烘烤，主食面包
主要谷物	小麦
尺寸	长12.5cm×宽12cm×高4cm
重量	123g
发酵方法	面包酵母发酵

像零食一样酥脆的面包棒

格里西尼

Grissini

配方
法式面包专用面粉：100%
面包酵母：3%
盐：2%
麦芽糖浆：0.5%
橄榄油：7%
水：55%

可以掰着吃。因为水分少所以可以存放。/ b

data	
类型	Lean型，烤盘烘烤，主食面包
主要谷物	小麦
尺寸	长18.5cm × 宽1.5cm × 高1cm
重量	13g
发酵方法	面包酵母发酵

发源于意大利西北部的都灵，口感像苏打饼干。拿破仑非常喜欢吃，称它为“小都灵棒”。意大利餐厅菜单上一定会有这款面包。它常作为前菜或正餐的配餐，可以卷上生火腿，蘸上橄榄油，作为葡萄酒的下酒菜。

形状像玫瑰一样的面包

玫瑰面包

Rosetta

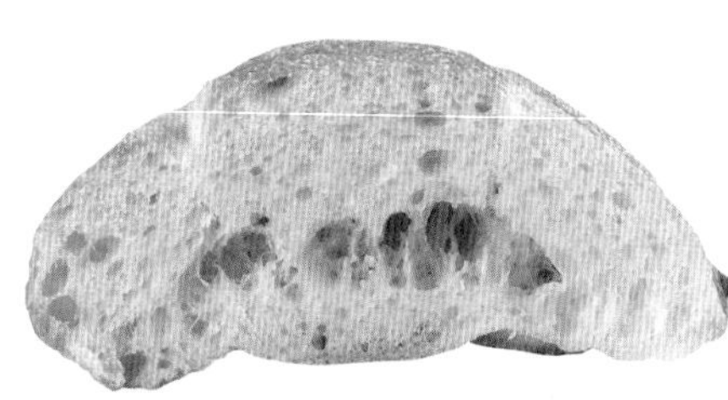

最好吃新鲜出炉的，面包膨胀得越大，口感越好。/ a

配方
法式面包专用面粉：100%
面包酵母：1%
盐：2%
麦芽糖浆：1%
水：52%

“rosetta”在意大利文中是玫瑰的意思，特点是圆形，表面有5个像花瓣的凸起，也有的里面是空心的。日本面包师制作这款面包常常添加猪油，面包口感更柔软，比较受欢迎。不添加猪油的玫瑰面包口感爽脆一些。玫瑰面包上下对切做成三明治，与腊肠、生火腿等肉类很相配。

data	
类型	Lean型，烤盘烘烤，主食面包
主要谷物	小麦
尺寸	长7cm × 宽7cm × 高5cm
重量	35g
发酵方法	面包酵母发酵

意大利圣诞大面包

潘妮朵尼

Panettone

配方
潘妮朵尼发酵种：30%
强力粉：100%
砂糖：27%
盐：0.8%
人造黄油或天然黄油（无盐）：30%
蛋黄：22%
水：32%
萨尔塔纳葡萄干：35%
橙皮：12%
柠檬皮：12%

连模竖着切是正宗的做法。与马斯卡彭奶酪和鲜奶油很配。/ b

data

类型	Rich型，模型烘焙，主食面包
主要谷物	小麦
尺寸	长15cm × 宽15cm × 高12cm
重量	708g
发酵方法	原本应全部使用潘妮朵尼发酵种，但制作需花费近20个小时，现在很多面包店会加入一会面包酵母以缩短发酵时长，所以味道会变一些

潘妮朵尼是一款来自米兰的著名甜点，这种松软的甜面包通常是在圣诞节期间食用，人们习惯在圣诞节将其送给亲戚朋友。潘妮朵尼拥有迷人的橙皮香气，又混合了坚果香味，它的气孔多而密，因而面包体湿软又轻盈，有种奢华的口感。尝上一块，就能为你留下温暖香甜的圣诞记忆。

潘妮朵尼有个美丽的传说，在15世纪，有一个贵族小伙子爱上了面包店店主托尼的女儿。但是两人的地位悬殊，贵族小伙子就隐藏了自己的贵族身份，去托尼的面包店做学徒。而且，贵族小伙子还和托尼约定，如果他烤出来的面包能得到公爵的赏识，托尼就把女儿嫁给他。之后，在某一年的圣诞节，贵族小伙子把托尼教他做的一款面包端上了公爵举办的圣诞宴会的餐桌上。公爵非常喜欢这款面包，贵族小伙子便向公爵申请用托尼的名字来命名，于是也就有了“panettone”。

潘妮朵尼不是用面包酵母发酵的，而是以潘妮朵尼发酵种发酵的。这种发酵过程时间漫长，但会使面包产生独有的蓬松特性和特殊风味。市面上还有迷你版潘妮朵尼——“panettoncino”，里面添加了杏仁粉、蛋清和糖。

鸡蛋和黄油的奢华搭配

潘多洛
Pan Doro

烤好的第二天是最佳食用时间，用潘妮朵尼发酵种制作的，可以存放1个月左右。/ i。

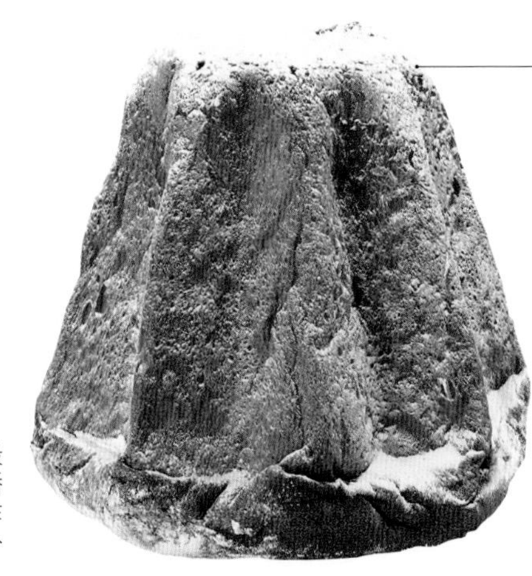

配方
潘妮朵尼发酵种：20%
法式面包专用面粉：100%
面包酵母：0.6%
砂糖：32%
盐：0.9%
蜂蜜：4%
人造黄油或天然黄油（无盐）：33%
可可脂：2%
全蛋：60%
蛋黄：5%
牛奶：12%

data	
类型	Rich型，模型烘烤，发酵面包
主要谷物	小麦
尺寸	长16cm × 宽16cm × 高14.5cm
重量	221g
发酵方法	同潘妮朵尼

潘多洛、史多伦、潘妮朵尼为圣诞节流行的三大发酵面包。“pan doro”字面意思是黄金面包，用大量的鸡蛋和黄油烘烤而成。质地柔软，介于蛋糕和面包之间。

制作潘多洛必须使用一种特殊造型的模具，成品切面呈星星状，撒上糖粉装饰后形如白雪覆盖的圣诞树。潘多洛有多种尺寸，小型的被称为“pandrino”。

复活节的鸽子造型面包

科伦巴
Colomba

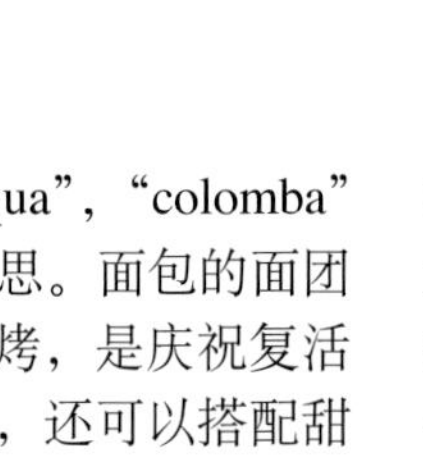

人们经常切开食用。表面酥脆，内里湿软。/ i

data	
类型	Rich型，模型烘焙，发酵面包
主要谷物	小麦
尺寸	长16cm × 宽16cm × 高14.5cm
重量	221g
发酵方法	同潘妮朵尼

这款面包的全称是“colomba di pasqua”，“colomba”是鸽子的意思，“pasqua”是复活节的意思。面包的面团中混入橙皮，并用和平鸽形状的模具烘烤，是庆祝复活节的发酵点心。除了作为甜点单独享用，还可以搭配甜口的起泡酒。

相传公元610年前后，爱尔兰的传教士圣科伦巴诺（San Colombano）来到帕维亚。由于要遵守“四旬斋”（复活节前十天）的规定，为了不冒犯伦巴第王国，他把宴席上的酒肉改成了和平鸽形的面包。而科伦巴在意大利的真正流行，还要归功于一位企业家——迪诺·维拉尼（Dino Villani）。20世纪30年代，他担任MOTTA公司（意大利知名甜点公司）的董事长，以科伦巴复活节的传说故事为噱头，用制作潘妮朵尼相同的材料来制作科伦巴，改进演化并将其作为公司复活节特色糕点，后来逐渐成为意大利复活节的“国民面包”。

Europe · 欧洲

丹麦面包

Danish Bread

丹麦是受大众喜爱的酥皮面包发源地

丹麦美食以其北欧风情与创意料理的交织而闻名。从新鲜的海产品到多样化的开面三明治，再到诱人的糖果和甜点，丹麦的美食文化展示了这个国家丰富的历史和独特的风味。

丹麦最有名的面包是酥皮面包，可以说是丹麦面包的代表。在美国和日本称其为“denish”，但在丹麦当地被称为“vienna bread”，有传说制作方法是从维也纳传来的，之后与丹麦当地的制作方法相结合，然后发展成为流行世界的丹麦面包。浓郁的黄油风味和松脆轻盈的口感是其最大特点。在丹麦，人们在发酵面团中放入黄油，加上各种馅料，制作出各种各样的面包，用于日常餐饮、庆祝活动等。

另外，在丹麦，除了酥皮面包，黑麦面包和白面包也很常见。晚餐大多会摆上黑麦面包，而白面包则多用于早餐。

享受黄油带来的香软酥松

罂粟籽面包

Tebirkes

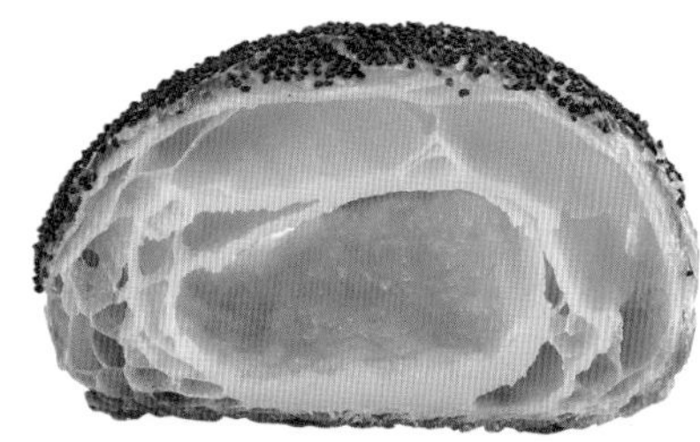

当天烘烤的能够保持轻盈的口感。非常适合搭配红茶或咖啡。/ a

配方

强力粉：75%
薄力粉：25%
面包酵母：8%
砂糖：8%
盐：0.8%
人造黄油：8%
全蛋：20%
水：40%
起酥油：92%
罂粟籽：适量

data

类型	Rich型，烤盘烘烤，发酵面包
主要谷物	小麦
尺寸	长8.5cm × 宽7.5cm × 高4.5cm
重量	50g
发酵方法	面包酵母发酵

这是一款常见的丹麦面包，“te”是茶的意思，“birkes”是罂粟籽的意思。特点是表面铺满了罂粟籽。面包形状有圆形、梯形。罂粟籽可以选用白色或者像照片一样选用黑色。

层层叠叠的酥皮松脆轻盈，可以品尝到浓郁的黄油风味和淡淡的甜味。

含3种谷物，有丰富的膳食纤维

杂粮面包

Trekornbroad

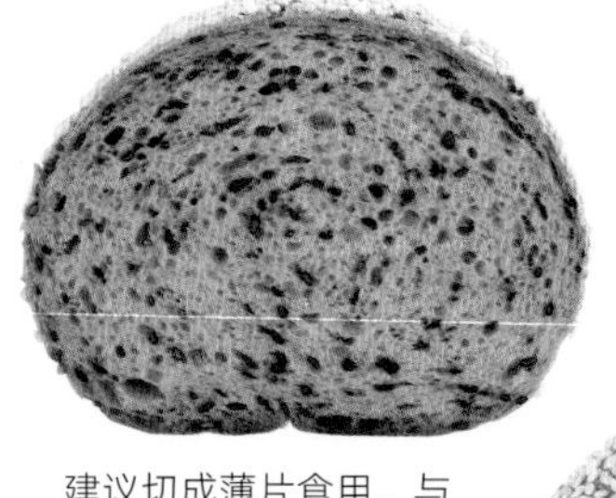

建议切成薄片食用，与汤、海鲜、蔬菜等很搭。/ a

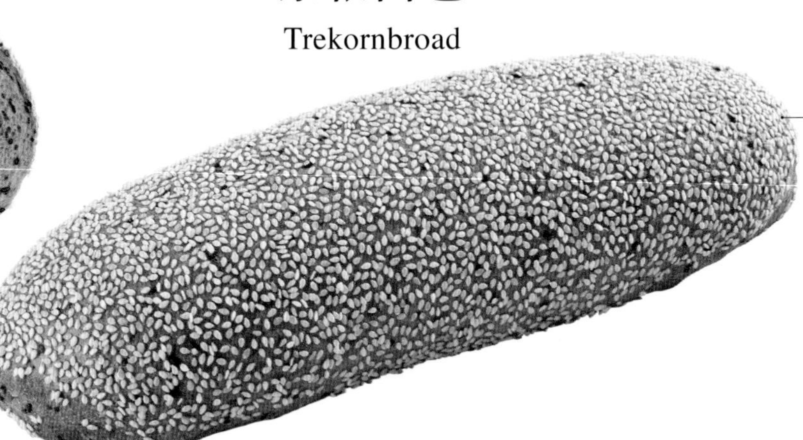

配方

强力粉：80%
黑麦粉：10%
全麦粉：10%
面包酵母：1.7%
盐：2%
黑芝麻：10%
水：67%
白芝麻：适量

data

类型	Lean型，模型烘焙，主食面包
主要谷物	小麦
尺寸	长30cm × 宽11cm × 高9cm
重量	610g
发酵方法	面包酵母发酵

“tre”是3个的意思，“korn”是谷物的意思，是由全麦粉、黑麦粉、芝麻混合而成的丹麦传统面包。面包表面和内部都使用了大量的芝麻。杂粮面包和三文鱼、白肉鱼很配，推荐做成三明治。

把幸福分享给每个人

大型克林格

Large Kringle

当天制作的口感最好，有浓郁的奶油香。非常适合搭配黑咖啡和红茶。/ a

data

类型	Rich型，模型烘烤，主食面包
主要谷物	小麦
尺寸	长28cm × 宽20cm × 高3.5cm
重量	430g
发酵方法	面包酵母发酵

大型克林格的外形看起来像日本的平假名“め”。在丹麦，人们有一种习惯，过生日的人会主动购买这种蛋糕，并分发给身边的人。它就像生日蛋糕一样，是庆祝生日、圣诞必不可少的甜点。

由黄油折成的丹麦酥皮上依次涂上黄油和杏仁糊，挤上蛋奶酱，撒上朗姆酒浸渍过的葡萄干。然后将其包裹成筒状，稍微压平后成形，表面点缀杏仁片。

大型克林格的表面香脆，里面很湿润，可以享受内外反差的质地。

最具代表性的扁平面包

哥本哈根

Copenhagener

这是一款丹麦流行的传统面包。可根据个人喜好搭配咖啡、红茶。/ a

data

类型	Rich型，模型烘烤，主食面包
主要谷物	小麦
尺寸	长28cm × 宽20cm × 高3.5cm
重量	430g
发酵方法	面包酵母发酵

这是一款以丹麦城市名命名的面包，在日本也很受欢迎，也有人说这款面包发源于维也纳。在奥地利，丹麦人也被称为哥本哈根。

丹麦的酥皮面包，大多是扁平状，折叠的黄油量多，重视松脆感。丹麦有各种各样的哥本哈根，照片上的这款是在面包中包裹了核桃、葡萄干、蜂蜜等混合馅料。

刚出炉的口感最好，所以最好趁早吃。如果放久了，可以用烤箱加热，恢复口感。注意不要过度加热，否则水分会流失。

蛋奶酱是主角

丹麦酥

Spandauer

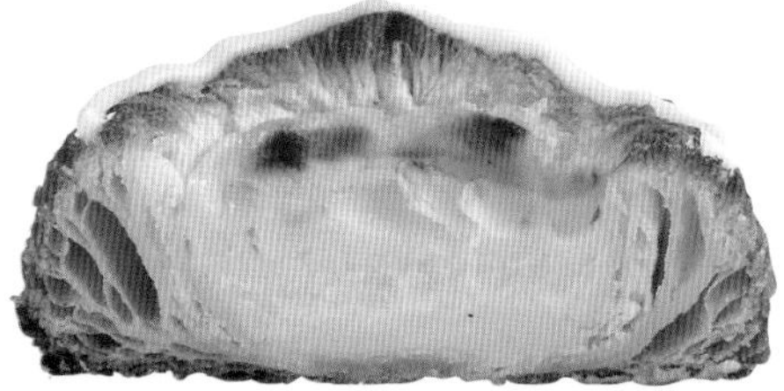

刚出炉的好吃。用烤箱加热的话，脆脆的感觉就会复苏。/ a

data

类型	Rich型，烤盘烘烤，发酵面包
主要谷物	小麦
尺寸	长8.5cm × 宽7.5cm × 高4.5cm
重量	50g
发酵方法	面包酵母发酵

丹麦代表性的面包之一，在日本也很受欢迎。在丹麦面团中加入杏仁糊，中间包裹蛋奶酱烤制。表面常放上糖霜和杏仁片。

湿润浓厚的蛋奶酱和口感轻盈的酥皮是绝配。

裹着巧克力的圆形面包

巧克力包

Chokoladebolle

馅料是由蛋奶酱和煮过的苹果混合制成，时间一长，面包巧克力的部分就会因重量而塌陷。/a

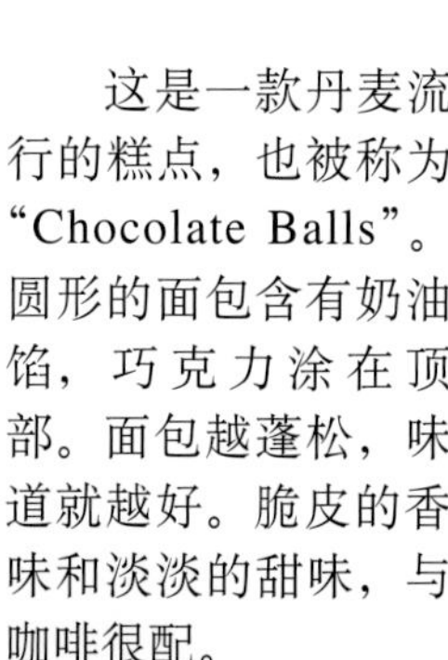

这是一款丹麦流行的糕点，也被称为“Chocolate Balls”。圆形的面包含有奶油馅，巧克力涂在顶部。面包越蓬松，味道就越好。脆皮的香味和淡淡的甜味，与咖啡很配。

data

类型	Rich型，模型烘烤，主食面包
主要谷物	小麦
尺寸	长9cm × 宽9cm × 高5cm
重量	60g
发酵方法	面包酵母发酵

Europe · 欧洲

芬兰面包

Finnish Bread

在寒冷国家诞生的面包且有一种健康柔和的味道

芬兰是一个冬季长达数月的国家，严寒的天气条件塑造了芬兰人独特的美食文化。寒冷的冬天让他们更加注重丰盛的饮食，以应对严寒带来的挑战。热汤、烤肉和富含营养的食物成了丹麦人冬季的常见美食。

在寒冷的芬兰，人们经常把黑麦面包与煮熟的马铃薯、肉类、海鲜一起摆放在餐桌上享用。芬兰的黑麦面包，颜色和形状等给人强烈的视觉冲击，但吃起来口感却很柔和。酸中带甜，越嚼越美味。因为使用了黑麦粉和全麦粉，所以富含食物纤维、维生素、矿物质等，热量也很低。也许是因为饮食结构，芬兰人的大肠癌发病率很低。

又大又重的黑麦面包、扁平的甜甜圈形状的黑麦面包圈、黝黑有光泽、加入了马铃薯泥的马铃薯面包等，有着在其他国家看不到的各种面包。用薄薄的面糊包裹着牛奶粥的卡累利阿派，对于第一次品尝的人来说简直是人间美味。

芬兰传统面包

黑麦面包
Ruis Limppu

在寒冷的芬兰，很难生产出高质量的小麦，面包大多是以黑麦粉制作而成。“ruis”的意思是黑麦，黑麦面包是以黑麦粉为主体，配合全麦粉烤制而成，是芬兰的传统面包。

由于使用酸种发酵，所以这款面包具有浓郁且独特的酸味，食用时还具有全麦粉的颗粒感。形状和颜色因面包店而异。

黑麦面包很重，细细咀嚼，黑麦的美味就从口腔中慢慢扩散开。切成薄片，与味道浓郁的酱料和炖肉等搭配，味道很好。与富含牛奶的薄荷咖啡也很搭。

推荐用熏鲑鱼和芝士做成开放式三明治。/ i

data

类型	Lean型，烤盘烘烤，发酵面包
主要谷物	黑麦
尺寸	长20cm × 宽20cm × 高4.5cm
重量	715g
发酵方法	面包酵母和酸种发酵

酸中带甜味道不错

甜黑麦面包
Happan Limppu

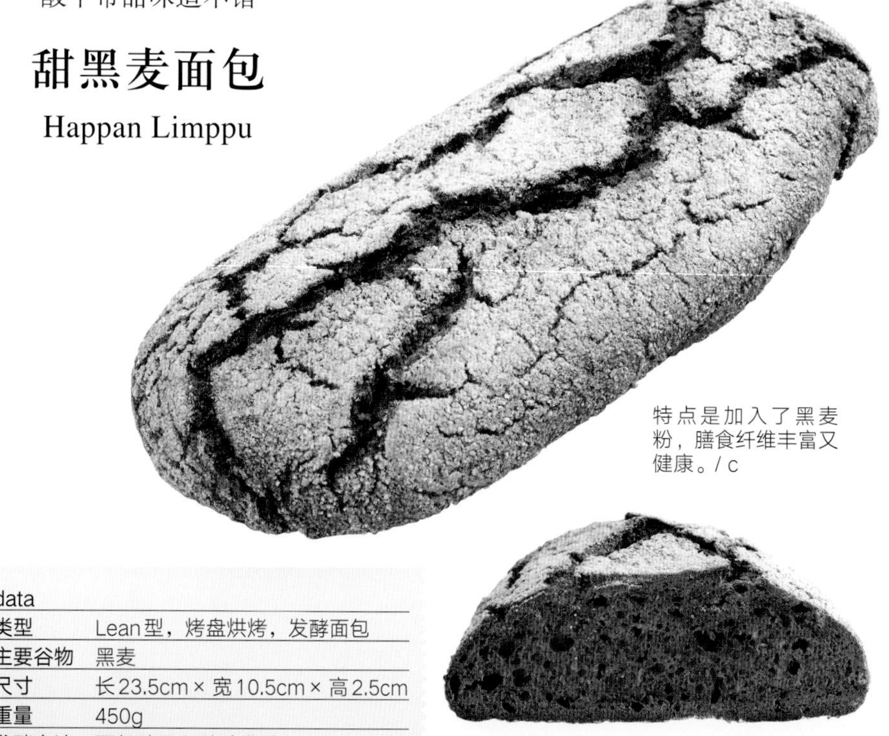

特点是加入了黑麦粉，膳食纤维丰富又健康。/ c

芬兰的面包根据形状的不同名字也不同，大多数海参形的面包叫“limppu”。但实际上，很多产品都是圆形的，也命名为“limppu”。“happan”是酸味的意思，甜黑麦面包有一点酸味，除此之外还有甜味和咸味，所以也适合不习惯吃黑麦面包的人。甜黑麦面包很硬，表面有大裂痕，上面覆盖着黑麦粉，看上去很干，但口感却很湿润。

将其切成薄片，涂上黄油，搭配烟熏火腿、肥肉、鹅肝酱、鱼贝类，尤其是鲱鱼、油渍沙丁鱼、生蚝等，非常美味。也适合搭配意大利浓汤、鱼贝类汤等料理。推荐用奶酪、火腿、蔬菜做成三明治享用。

data

类型	Lean型，烤盘烘烤，发酵面包
主要谷物	黑麦
尺寸	长23.5cm × 宽10.5cm × 高2.5cm
重量	450g
发酵方法	面包酵母和酸种发酵

糖蜜和马铃薯的甜蜜搭配

马铃薯面包

Peruna Limppu

data

类型	Lean型，烤盘烘烤，发酵面包
主要谷物	黑麦
尺寸	长12cm × 宽12cm × 高7cm
重量	330g
发酵方法	面包酵母和酸种发酵

推荐用生菜、火腿、三文鱼等做成开面三明治。/ c

马铃薯面包是传统的乡村面包，芬兰人经常食用，是以黑麦粉为主的面团中加入马铃薯泥制成。

光泽黝黑的外表给人强烈的视觉冲击，这种光泽是因为表面涂有糖蜜，摸起来黏糊糊的，也有不涂糖蜜的类型。口感软绵绵的，虽然是以黑麦粉为主，但因添加了糖蜜和马铃薯，所以酸味不明显，很易入口。一般还在面团中加入葛缕子，这款面包富含食物纤维和维生素，营养价值很高。

直接加热也很好吃，与黄油、奶酪很搭。

能强烈感受到黑麦的超薄面包

超薄黑麦面包

Hapan Leipa

人们常切成适合食用的大小后，夹火腿、奶酪等食材享用。/i

data

类型	Lean型，烤盘烘烤，发酵面包
主要谷物	黑麦
尺寸	径24cm × 厚1cm
重量	320g
发酵方法	面包酵母和酸种发酵

这是一款以黑麦粉为主的又薄又大的圆饼面包。如果变成海参形，就称为“happan limppu”。特点是表面刺有很多小孔。超薄黑面包有黑麦面包特有的风味。不同的面包店，它的形状有变化，如扁平的甜甜圈形。

压出凹槽，黑麦全麦面包

黑麦面包圈

Fiaden Ring

沿着凹槽掰开，推荐涂上黄油，或者配上喜欢的食物来吃。/ c

data

类型	Lean型，烤盘烘焙，发酵面包
主要谷物	黑麦粉
尺寸	径20cm × 厚1cm
重量	300g
发酵方法	面包酵母和酸种发酵

黑麦面包圈形状类似薄甜甜圈，表面粗糙和放射状的凹槽是其典型特征。人们经常将其作为主食，并且常用棍子从中央的洞穿出以便陈列、保存。

这款面包有黑麦面包的浓郁风味，拿起来沉甸甸的，吃起来很有嚼劲。

芬兰人的早点

卡累利阿派

Karjalan Piirakka

配方

• 面团

黑麦粉：100%

盐：1.8%

水：67%

• 馅料

大米：100%

盐：3%

牛奶：113%

水：188%

data

类型	Lean型，烤盘烘焙，正餐面包
主要谷物	黑麦粉
尺寸	长12cm × 宽 × 5cm × 高1cm
重量	60g
发酵方法	不需发酵

趁热吃最好吃。冷了用烤箱等稍微加热一下即可享用。/ c

这是一款芬兰东部卡累利阿地区的糕点，“piirakka”是包裹的意思，指馅饼。卡累利阿派有时作为零食出售，芬兰人在家里也经常做，几乎在芬兰全境都能吃到。卡累利阿派常用于婚礼，对芬兰人来说它是不可或缺的存在。

在不进行发酵的黑麦粉的面片中包裹着被称为“recipro”的牛奶粥，用蒸汽烤制而成。有时里面装的是马铃薯泥。有淡淡的甜味，口感湿润。在芬兰，一般会在上面涂一层叫“munavoi”的鸡蛋黄油酱。卡累利阿派可以当早餐吃，也可以搭配甜食和咖啡。来客人的时候，人们也会拿出来当作小食品尝。

Europe · 欧洲

英国面包

English Bread

英国下午茶是其独特的文化，茶是主角，
但面包也是不可缺少的。

玉米粉是重点

英式玛芬

English Muffin

data	
类型	Lean型，模型烘烤，奶油面包
主要谷物	小麦粉
尺寸	长9cm × 长9cm × 高3.3cm
重量	65g
发酵方法	面包酵母发酵

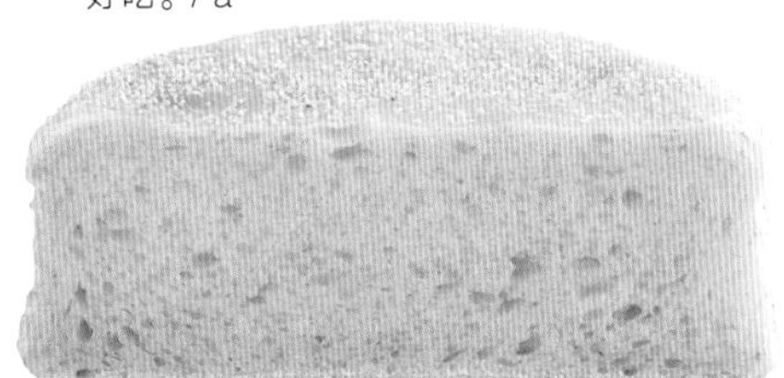

分成两半，烤一下享用更好吃。/ a

在英国，说到玛芬就是指这款面包。这是一种使用专用模具烘烤的英国传统面包，其特点是使用高水量面团。一般在吃之前烤一下再享用，注意烤的时候不要开大火，这样能保留大量的水分，吃起来表面很脆，内里柔软湿润。表面的颗粒是玉米粉，原本是为了不让发酵的面团粘在面板上，后来发现还有增加香味的作用。

掰成两半，放入烤箱中烤至焦黄，然后在断面上涂满黄油，味道更加鲜美。推荐夹奶酪、火腿、煎蛋等做三明治。

味道清淡，不太甜

英式吐司

English Bread

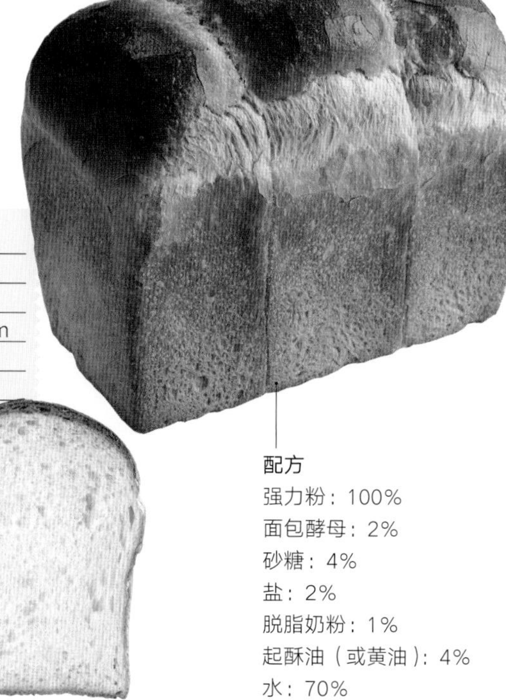

data	
类型	Lean型，模具烘焙，正餐面包
主要谷物	小麦粉
尺寸	长18.5cm×宽11.5cm×16cm
重量	450g
发酵方法	面包酵母发酵

味道清淡，适合搭配任何食材，做英式三明治。/ a

配方

强力粉：100%
面包酵母：2%
砂糖：4%
盐：2%
脱脂奶粉：1%
起酥油（或黄油）：4%
水：70%

这是松软的英式吐司，因为将面团放入吐司模具中不盖盖子，所以上部会膨胀，形成山形。“山”的数量有2～4座不等。

英式吐司据说起源于哥伦布发现美洲大陆的时期，船员必须在船上待很久，人们为了船员携带方便，并且可以一次分给很多人而研制了这款面包。

英式吐司与其他面包相比质地较粗，甜度较低，口味清淡。这款面包地道的英式吃法是切成薄片，做成脆脆的烤面包片，再涂上大量黄油食用。另外，还可以夹火腿、蔬菜等食材做成三明治。

英国的固定茶点

司　康

Scone

用锡纸包起来，在吃之前用烤箱加热一下会更加美味。/ a

data	
类型	Rich型，烤盘烘烤，甜点面包
主要谷物	小麦粉
尺寸	长6.5cm×宽6.5cm×高5cm
重量	55g
发酵方法	不需发酵

司康起源于苏格兰，原本是一种大众甜点。18世纪维多利亚王朝时期在贵族之间流行，从那以后成了英国下午茶中不可缺少的存在。司康搭配在英国西南部的德文州自古流传下来的涂抹凝脂奶油（clotted cream）和果酱是当时最流行的吃法。英国的经典红茶、司康、果酱以及凝脂奶油的组合是英式经典下午茶——奶油茶。

外脆内软，顶部翘起，侧面有裂缝的司康比较好吃。面团不使用面包酵母，而是用泡打粉打发，所以在家里也能轻松制作。

Europe · 欧洲

俄罗斯面包

Russian Bread

在俄罗斯，无论是在街边的小店还是大型超市，面包都占据了很重要的位置，而且品种极为多样。

我们所说的大列巴一般指俄式黑麦面包。用黑麦面粉烤制的大列巴，个头较大，入口微酸，咀嚼之后有淡淡的甜味。它既不精致也远谈不上好看，但却是俄罗斯饮食文化中的代表。

俄罗斯人认为，吃面包不能掰断，否则生活就会不顺。所以，他们吃面包的时候，用刀将其均匀切割，寓意生活平顺。

俄罗斯人珍惜粮食，扔掉面包被认为是一种不可饶恕的严重罪行。无论是自制的烤面包还是工业面包，甚至是已经发霉的面包也应该喂给鸟儿，而不能被扔掉。

来自俄罗斯家庭的美食

皮罗什基

Pirozhki

配方

强力粉：100%
面包酵母：3%
砂糖：10%
盐：1.2%
人造黄油或天然黄油：5%
全蛋：17%
牛奶：20%
水：20%

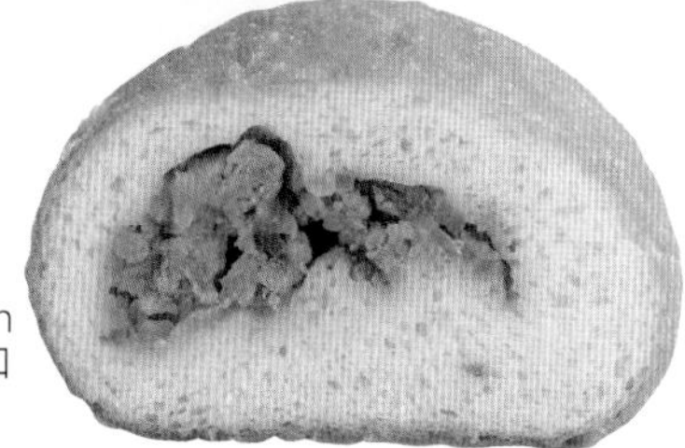

刚炸出来的时候有点硬，5min左右就会变软。即使冷了，口感也几乎没有变化。/ o

data	
类型	Lean型，烤盘烘烤或油炸，甜点
主要谷物	小麦
尺寸	长6.5cm × 宽8.5cm × 高4cm
重量	84g
发酵方法	面包酵母发酵

皮罗什基是俄罗斯料理中不可或缺的美食，面包里包着肉和蔬菜等食材。在日本流行油炸皮罗什基，但在俄罗斯流行烤制的。人们常把应季的食材或现有的食材包在面团里，大小和形状也因家庭和店铺而不同。

刚做好的皮罗什基最好吃，质地爽脆柔软。与俄罗斯茶和伏特加是绝配。在俄罗斯，不仅将皮罗什基作为点心和小吃，而且在聚会等正式场合也作为前菜或主菜。

俄罗斯甜菜汤的固定搭配

黑面包

Rye Bread

烤好后放置24h左右即可食用。/ o

黑面包的面团以粗黑麦粉为主，同时还混合小麦粉和荞麦粉。多放入模具中烘烤，特点是有独特的酸味和沉甸甸的分量。面团偏硬，孔洞较小，韧性很好。

发酵种的制作、面团发酵及烘烤都需要花费大量时间和精力，成形也很困难。在俄罗斯，黑面包常作为主食出现在餐桌上，是甜菜汤的最佳拍档。将其切成薄片，涂上酸奶油或黄油，再放上鱼子酱、三文鱼、油渍沙丁鱼等作开胃菜。稍微烤一下切好的面包片，它就会变得酥脆，你可以品尝到另一种口感。

虽然俄罗斯最出名的是黑面包，但日常生活中也能吃到白面包。

data	
类型	Lean型，模型烘烤，主食面包
主要谷物	黑麦
尺寸	长17cm × 宽8.5cm × 高11cm
重量	733g
发酵方法	面包酵母及酸种发酵

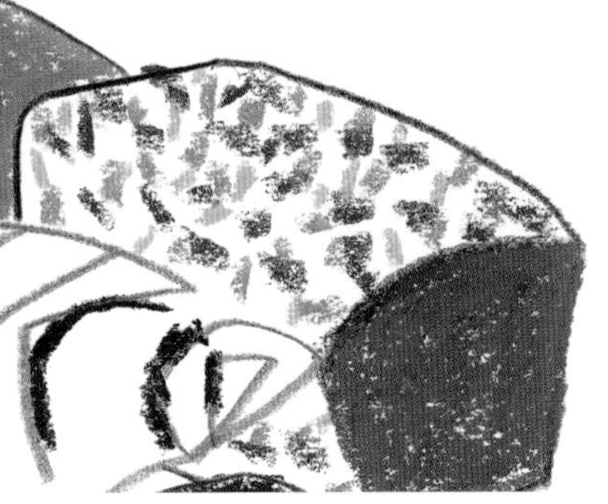

North America · 北美洲

美国面包

American Bread

美国是一个移民国家，融合了来自世界各地不同种族、不同民族的文化，自然使得美国的食物也融入了各种饮食文化、特色。美国的饮食文化虽然带有各种特色，但美国人自己在后来也创造了属于他们自己的饮食风格。美国式饮食文化不讲究精细，追求快捷方便，也不奢华，比较大众化。

美国面包的种类也很丰富，白面包、全谷物面包、杂粮面包、百吉圈等在超市中都能见到。

既健康又开胃

百吉圈

Bagel

配方
强力粉：50%
高蛋白粉：50%
面包酵母：4%
砂糖：3%
盐：2%
麦芽糖浆：0.3%
起酥油：3%
水：52%

推荐用烤箱加热。表面香喷喷的，清脆爽口。/ c

data

类型	Lean型，烤盘烘烤，主食面包
主要谷物	小麦
尺寸	长9.5cm × 宽9.5cm × 高2cm
重量	70g
发酵方法	面包酵母发酵

这是一款犹太人在星期天早餐时吃的面包，犹太人移民至美国时带进纽约，并传播开来成为纽约有名的面包。

百吉圈的形状像甜甜圈，是将棒状面团的一端连接起来，做成环形。面团在热水里过一下再烤，会产生很有嚼劲的口感和光泽的表面。面包内的孔洞很小，且口感绵密。百吉圈是一种低脂肪、低卡路里的面包。

百吉圈在日本也很受欢迎，甚至有百吉圈专卖店。有软绵口感的，也有在面团里加入坚果和水果的，能享受丰富的变化。百吉圈可以直接食用，也可以切成上下两半夹着食材享用。

用于制作汉堡包和热狗的松软面包

小圆面包

Bun

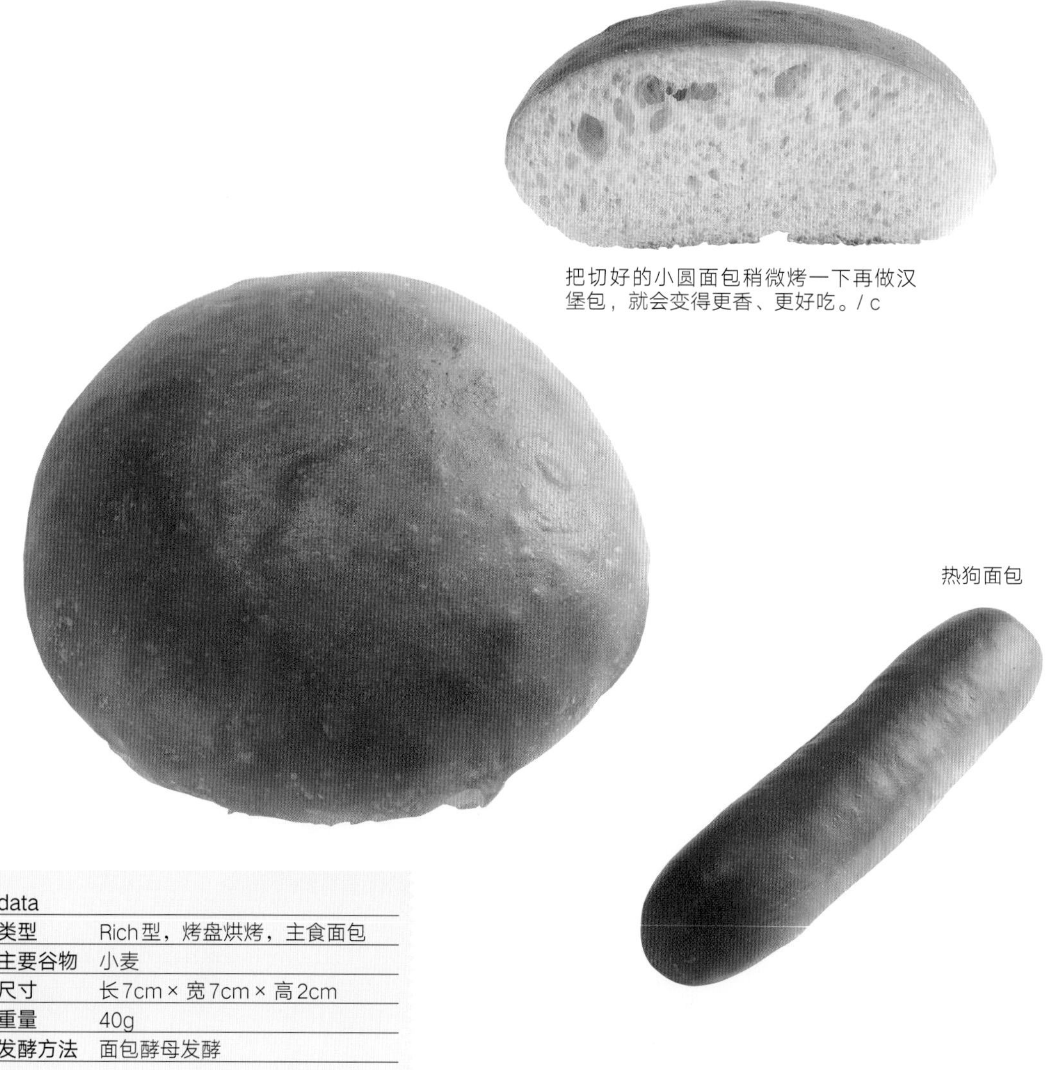

把切好的小圆面包稍微烤一下再做汉堡包，就会变得更香、更好吃。/ c

热狗面包

data

类型	Rich型，烤盘烘烤，主食面包
主要谷物	小麦
尺寸	长7cm × 宽7cm × 高2cm
重量	40g
发酵方法	面包酵母发酵

在英语中，圆形的汉堡面包或细长的热狗面包总称为“bun”。汉堡面包口感松软香甜，味道清淡，不会干扰肉和蔬菜本身的味道。

小圆面包切成上下两半，面包上部被称为“crown”，下部被称为“heel”，中间夹上肉类、蔬菜等食材即可做成汉堡包。细长的叫热狗面包，纵切夹着香肠吃。

汉堡包和热狗都是美国快餐的代表。不同的店会对面包和夹入的食材进行调整，开发出不同的产品。

一股清爽的酸味

旧金山酸面包

San Francisco Sour Bread

也被称为“旧金山酸法式”。它的酸味和海鲜料理是绝配。/ c

data	
类型	Lean型，烤盘烘烤，主食面包
主要谷物	小麦
尺寸	长20cm × 宽7cm × 高6cm
重量	230g
发酵方法	面包酵母发酵

看名字就知道，这款面包起源于旧金山。外观与法棍面包、巴塔面包等法国面包相似，但吃起来有独特的酸味，因为面团里添加了旧金山特有的酸饮料。

据说旧金山酸面包是加利福尼亚淘金潮中，挖掘金矿的人们所吃的面包，现在作为旧金山的特产出售。在旧金山的观光区，人们常常把面包心掏空，把空心面包当作容器，并放入蛤蜊浓汤，又被称为奶油蛤蜊波汤（clam chowder bowl bread），非常受欢迎。

旧金山酸面包的口感和法国面包相似，外表偏硬，但内里又湿又软。

导入杯型模具中烘焙而成

美式玛芬

Muffin

data	
类型	Rich型，模型烘焙，甜点
主要谷物	小麦
尺寸	长7cm × 宽7cm × 高7.5cm
重量	80g
发酵方法	用泡打粉使其膨胀

美式玛芬与英式玛芬，虽然名字都叫玛芬，但外形、制作方法完全不同。美式玛芬不使用面包酵母，用砂糖、鸡蛋、面粉、泡打粉充分混合，放入杯型模具中烘焙而成。口感软绵绵的，因油脂少，所以吃起来有点干。除了原味之外，还有咸味，甚至还会加入水果、坚果、巧克力片等，做成各种口味。

常作为早餐或下午茶食用，与咖啡、红茶很配。推荐用烤箱加热，涂上黄油再吃。

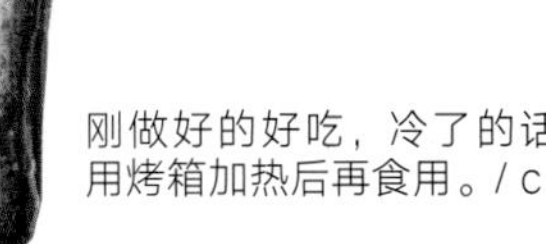

刚做好的好吃，冷了的话用烤箱加热后再食用。/ c

油炸面包的代表

甜甜圈

Doughnut

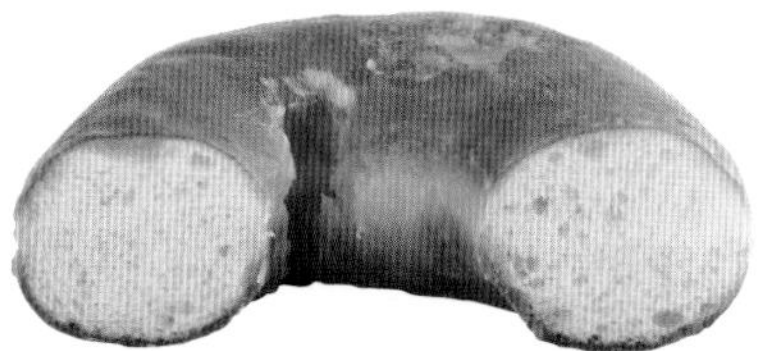

刚做好的好吃，冷了的话用烤箱加热后再食用。/ c

data

类型	Rich型，油炸面包
主要谷物	小麦
尺寸	长8cm × 宽8cm × 高2cm
重量	45g
发酵方法	用泡打粉使其膨胀

据说是因为在面团（dough）上放上坚果（nut），所以起了这个名字。甜甜圈的始祖是荷兰的一种叫“olykoeks”的油炸点心。

将面粉、砂糖、鸡蛋、乳制品等混合做成环形面团油炸。做成环形利于面团在油炸过程受热均匀。刚炸出来的时候表面很脆，里面很软。

照片的中间的甜甜圈是“釉面甜甜圈”，左侧的甜甜圈涂有糖霜。右侧照片是未发酵的蛋糕甜甜圈。各种面包店的形状不同，如有些没有孔，有些是扭曲的，有些涂有果酱。

具有肉桂的香味和甜味

肉桂卷

Cinnamon Roll

加热到糖衣稍微融化的时，口感松软，这样的肉桂卷最好吃。/ c

data

类型	Rich型，烤盘烘烤，甜点
主要谷物	小麦
尺寸	长8cm × 宽8cm × 高3cm
重量	45g
发酵方法	面包酵母发酵

肉桂卷起源于瑞典，在瑞典甚至有肉桂卷日（10月4日，是由瑞典一家烘烤行业协会于1999年创建），深受当地人们的喜爱。在日本的面包店、快餐店、咖啡厅等很多地方都在售卖肉桂卷。美国的肉桂卷比在日本的更大更甜，经常作为早餐或日常点心食用。

一般是将面团擀成长方形，再卷进砂糖和肉桂粉做成旋涡状面团烘烤，之后再表面撒上糖霜即可完成。有些表面涂了奶油奶酪味的糖衣。

肉桂卷口感香甜，质地爽脆，带有浓郁的肉桂香。放置时间一长，表面的糖就会溶化，变得黏糊糊的，所以建议尽早食用。肉桂卷很甜，所以很适合与黑咖啡或红茶搭配。

简单而自在

美式白面包

White Bread

烤面包片上涂上大量黄油和枫糖浆很美味。/ c

data

类型	Lean型，模型烘烤，主食面包
主要谷物	小麦
尺寸	长17.5cm × 宽8cm × 高8cm
重量	350g
发酵方法	面包酵母发酵

在吐司模具上盖上盖子烘焙，就会做出一种长方形面包，也被称为面包的原型。但在美国山形白面包更流行。

以白面包为基础制作三明治和热狗等，可以自由组合。因为白面包味道简单，所以非常适合搭配味道浓郁的食材。

小麦的颜色和简单的味道

美式全麦面包

Whole Wheat Bread

在美国，最常见1磅（约合453g）重的全麦面包/ c

“whole wheat”指的是全麦粉，全麦面包一般使用100 %的小麦粉烤制而成。因为含有大量的麦皮和胚芽，所以营养价值很高，在美国也越来越受欢迎。

推荐切片后稍微烤一下，做成培根三明治。也可以在烤面包片淋上蜂蜜吃，面包的香味和甜味就被激发出来了。

data

类型	Lean型，模型烘烤，主食面包
主要谷物	小麦
尺寸	长22cm × 宽9cm × 高8cm
重量	280g
发酵方法	面包酵母发酵

North America · 北美洲

墨西哥面包

Mexican Bread

说起墨西哥面包，不得不提的就是亡灵节，墨西哥人在亡灵节这一天，穿着五彩缤纷的服饰，装扮成骷髅的样子，用怀念取代悼念，用欢笑取代泪水，载歌载舞，表达着对生命的敬畏。而人们庆祝亡灵节不可或缺的美食就是——亡灵面包。亡灵节祭坛上的面包与平常食用的面包是不同的。不同的形状又有不同的含义。不带“腿”的人形螺旋状面包叫作“罗斯凯特”，表示生命的轮回；做成千层饼形状并带有装饰的面包“奥哈尔德拉”，意在欢迎亡灵的归来。

以墨西哥玉米卷闻名

塔　可

Tortilla

配方

玉米粉：50%
食盐：少许
色拉油：少许
水：120%

data	
类型	Line型，烤盘烘烤，主食面包
主要谷物	玉米
尺寸	长16cm × 宽15cm × 高0.15cm
重量	22g
发酵方法	不发酵

墨西哥盛产玉米，玉米饼是墨西哥的主食。这是在西班牙人迁入之前就有的当地美食，塔可是一款不发酵薄烤面包，不仅在墨西哥，在美国西南部也很常见。

它通常用将玉米面团擀薄后烤制而成，可以混合小麦粉或只用玉米粉制作。有软硬两种类型，软的就像软饼，硬的（油炸）就像薯片，有淡淡的玉米味。

刚出炉的味道很好，可以配着饭菜直接吃，也可以卷着食材吃。在日本，常常油炸之后食用，夹着肉、蔬菜和辣椒酱吃，口感酥脆美味，现在也很流行夹着油条吃。

有时也被称为“玉米饼”。因其外形与西班牙玉米饼相似而得名。/p

South America · 南美洲

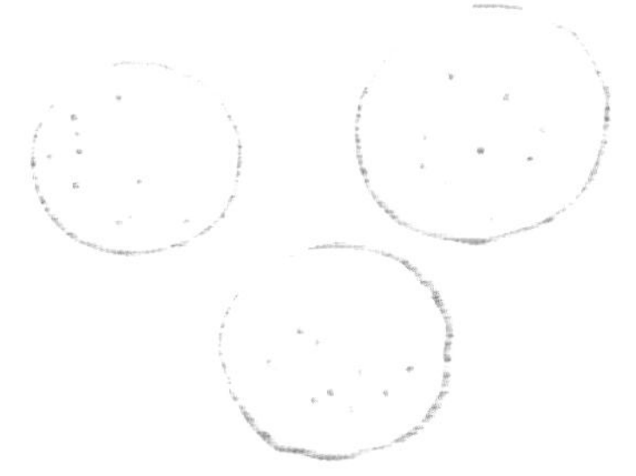

巴西面包

Brazilian Bread

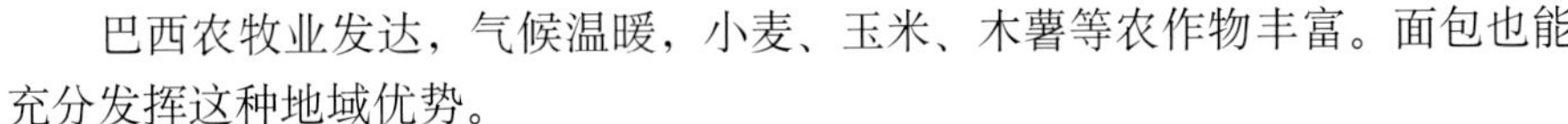

巴西农牧业发达，气候温暖，小麦、玉米、木薯等农作物丰富。面包也能充分发挥这种地域优势。

巴西是一个移民国家，不同的文化交融碰撞，形成了丰富的美食体系。除了家喻户晓的巴西烤肉和奶酪小面包，还有许多其他特色美食。

作为全球最大的咖啡生产国之一，巴西的咖啡文化深深地植根于人们的日常生活中。当地人喜欢在早晨或下午品尝一杯浓郁的咖啡，并配以布里加德罗、炸鸡肉面包、布里格拉乔、博洛酥皮糕等多种传统糕点。

黏糊糊的口感和奶酪的香味让人上瘾

奶酪小面包

Pão de Queijo

data

类型	Rich型，烤盘烘烤，甜点
主要谷物	木薯
尺寸	长5.5cm × 宽5cm × 高4cm
重量	50g
发酵方法	不发酵

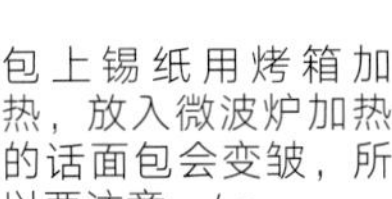

包上锡纸用烤箱加热，放入微波炉加热的话面包会变皱，所以要注意。/ g

发源于巴西南部的米纳斯吉拉斯州，“pão”是面包的意思，“queijo”是奶酪的意思。虽然被称为面包，但却不使用面包酵母。表面脆脆的，细细咀嚼，奶酪的风味伴随着绵密的口感扩散开来。质地之所以有弹性，是因为使用了木薯粉所以又叫芝士麻薯。这款面包加入了鸡蛋和奶酪，并将面团捏成乒乓球大小，不发酵直接烤制而成。

这款面包有奶酪的风味和淡淡的咸味。在巴西，这是餐厅和咖啡店的必备餐点，多作为餐前下酒菜或咖啡伴侣。人们在家中也经常做，每家的味道各具特色，有时还会加入培根和火腿。奶酪小面包在日本也很受欢迎，在便利店就能买到。

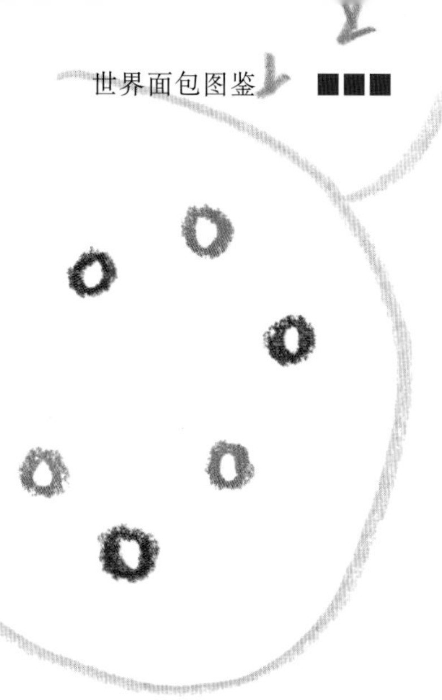

Asia · 亚洲

土耳其面包

Turkish Bread

面包对土耳其人来说是极其神圣的，
很多面包都被用于一些神圣的宗教仪式中。

变化丰富的土耳其面包

土耳其白面包

Ekmek

data	
类型	Lean型，烤盘烘烤，主食面包
主要谷物	小麦
尺寸	长19cm × 宽14cm × 高9cm
重量	54g
发酵方法	面包酵母发酵

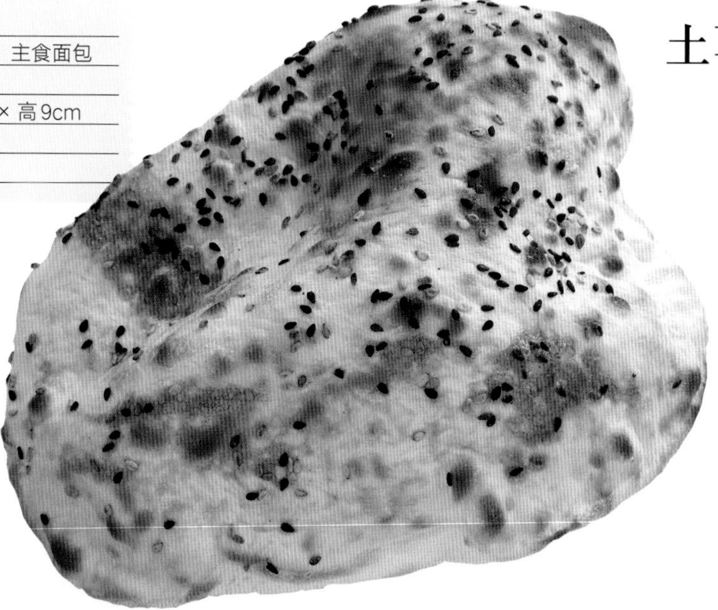

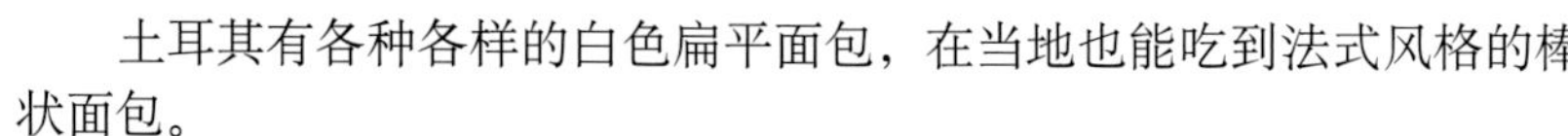

土耳其有各种各样的白色扁平面包，在当地也能吃到法式风格的棒状面包。

在土耳其语中，“ekmek”是面包的总称。法式棒状面包和像馕一样的扁面包等，在土耳其均被称为“ekmek”。

在土耳其，面包多为主食，可以搭配菜、汤、色拉等。人们常将茄子和番茄捣成泥状，作为酱汁拌在肉里，然后夹在面包里食用。此外，土耳其白面包和黄油、蜂蜜也很配，作为点心搭配红茶也很好吃。

照片上的土耳其白面包刚出炉，膨胀得厉害，但随着时间的流逝，也会一点点变扁。表面的芝麻香气四溢，吃起来外焦里嫩，非常美味。人们享用白面包时，常常就着菜撕着吃。在日本的土耳其料理店，不同的店提供的白面包各不相同。

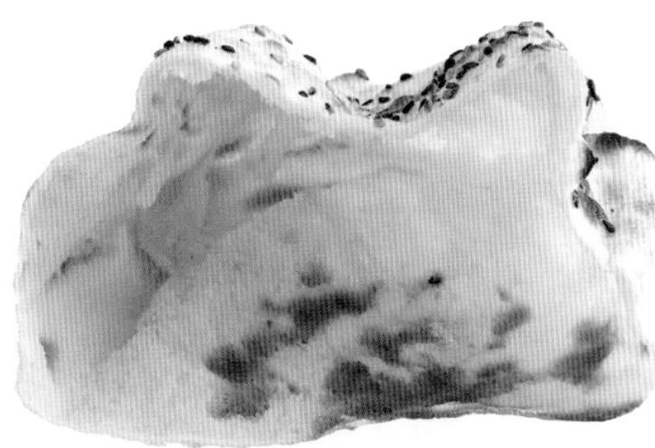

面包是空心的口袋状，切成两半夹一些食材也很美味。/ h

意大利比萨的原型

土式比萨

Pide

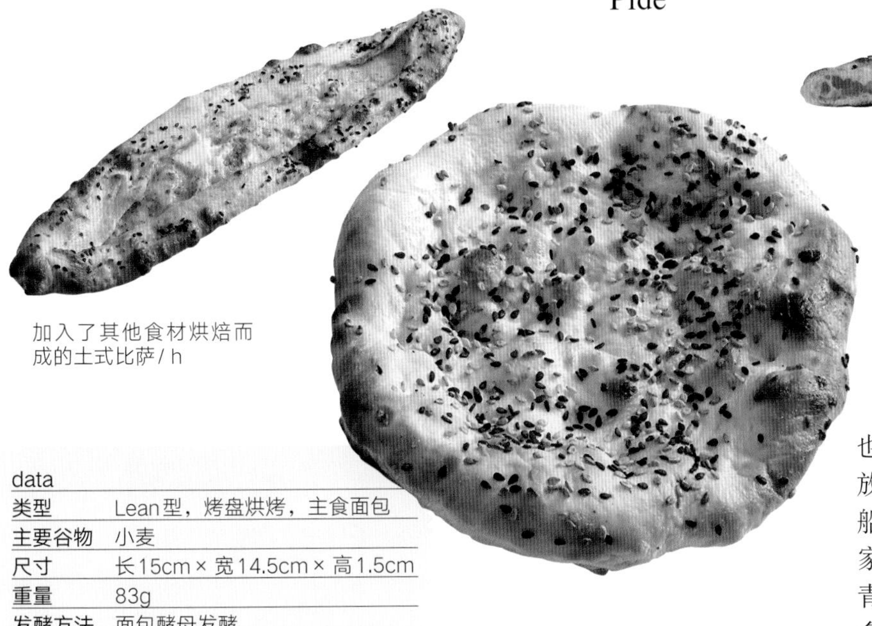

土式比萨表面撒了芝麻，制作很简单。口感软绵绵的，吃起来香喷喷的。/ h

加入了其他食材烘焙而成的土式比萨 / h

data

类型	Lean型，烤盘烘烤，主食面包
主要谷物	小麦
尺寸	长15cm × 宽14.5cm × 高1.5cm
重量	83g
发酵方法	面包酵母发酵

土式比萨主要分布在土耳其东部，也被认为是意大利比萨的原型。有不放任何东西的圆形比萨，也有做成小船状放上奶酪和其他食材的比萨，每家店的形状都不一样。食材有菠菜、青椒、番茄、牛肉馅、奶酪等，变化多端。

搭配咖喱的简单薄烤面包

拉瓦什

Lavash

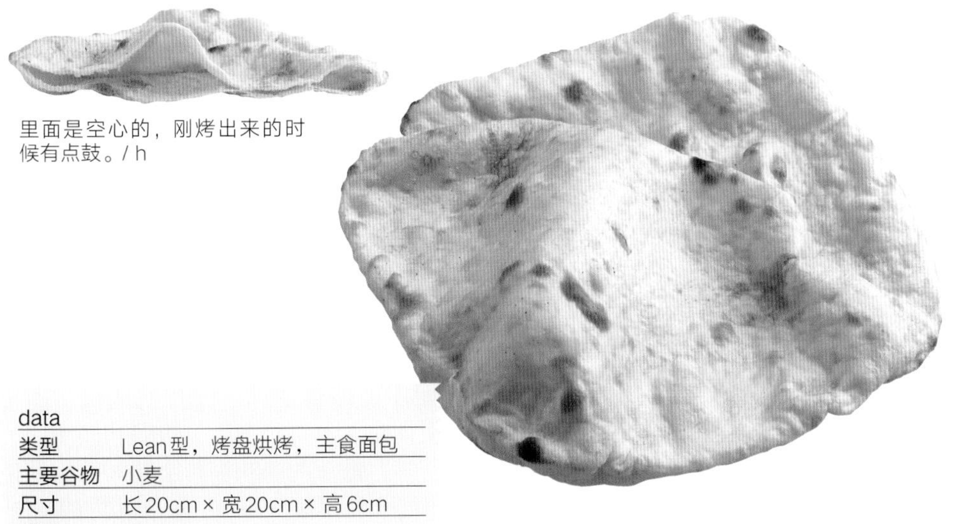

里面是空心的，刚烤出来的时候有点鼓。/ h

data

类型	Lean型，烤盘烘烤，主食面包
主要谷物	小麦
尺寸	长20cm × 宽20cm × 高6cm
重量	78g
发酵方法	面包酵母发酵

拉瓦什表面焦香，质地较薄。它于2014年被联合国教科文组织列入人类非物质文化遗产代表作名录。

它可以与料理一起撕碎食用，也可以加入肉类等食材做成三明治。简单的味道与咖喱、芝士、烤肉等味道浓郁的料理很配。

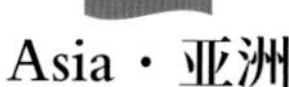

Asia · 亚洲

印度面包

Indian Bread

印度面包是咖喱和其他辛辣印度菜肴不可或缺的搭档。

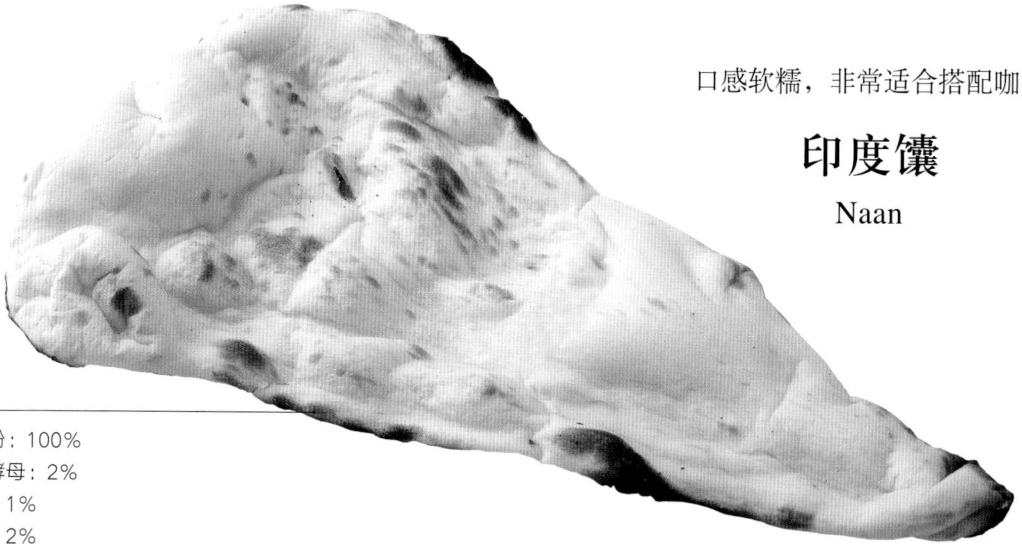

口感软糯，非常适合搭配咖喱

印度馕

Naan

配方
强力粉：100%
面包酵母：2%
砂糖：1%
食盐：2%
起酥油：6%
酸奶：25%

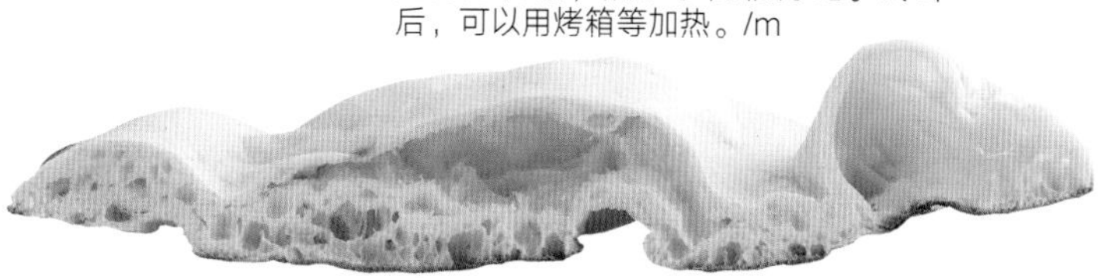

刚烤好的馕，热乎乎的很好吃。冷却后，可以用烤箱等加热。/m

data	
类型	Line型，烤炉烘烤，主食面包
主要谷物	小麦
尺寸	长37cm × 宽20cm × 高3cm
重量	154g
发酵方法	使用面包酵母发酵，也可使用发酵粉

印度的传统面包叫作印度馕（naan)，跟中国新疆的馕很像。在受波斯文化影响的地区，馕是面包的总称，所以各个地方都有各种各样的种类。主要在印度、巴基斯坦、阿富汗和伊朗食用。在日本，馕作为印度咖喱的配套食品而流行，但多为大树叶形。

在面团发好之后，将面团擀成一定厚度的薄面饼，附着在形状像罐子的印度烤炉（tandoor）内侧烘烤，烤成后微微鼓起。在印度，虽然也有些家庭有烧烤炉，但一般都是在商店买或在餐厅吃。

印度馕湿润耐嚼，略带甜味，烤焦的部分口感很脆，可以直接当主食吃，也可以配上印度经典美食——咖喱鸡、咖喱蔬菜等，浓烈的咖喱酱汁会让香甜的印度馕风味更佳，与印度饮料拉西（lassi）搭配也很美味。

麦香四溢的印度主食

恰巴堤

Chapati

因为刚烤出来的很好吃，所以印度人常常在饭前把面团擀开烤。鼓起的气泡和一些烤焦的痕迹，是烤得好吃的标志。/ m

配方
全麦粉：100%
水：65% ~ 75%

data

类型	Lean型，直接烘烤，主食面包
主要谷物	小麦
尺寸	长15cm × 宽15cm × 高0.3cm
重量	46g
发酵方法	不发酵

在印度，恰巴堤作为家庭主食，人们常在家里自己制作。恰巴堤主要在印度、巴基斯坦、孟加拉国、尼泊尔等地流行。恰巴堤用被称为“atta”的全麦粉加水制成面团，将面团擀成薄饼状，无需发酵，放在叫作“tower”的铁板上烤。做好后，常和咖喱、炖菜一起撕碎享用。

油的美味使咖喱变得温和

印度炸饼

Bathura

data

类型	Lean型，油炸面包，主食面包
主要谷物	小麦
尺寸	长17.5cm × 宽17cm × 高2cm
重量	88g
发酵方法	不发酵

刚炸出来的最好吃。冷却后过一段时间会变得油腻，可用烤箱等加热后食用比较好吃。/ m

配方
同上。

这是一款印度北部地区的传统油炸面包，是将印度烤饼面团擀圆后油炸而成。刚炸好的时候表面很脆，咬一口油分就会融化。适合搭配所有咖喱，但与鹰嘴豆咖喱特别搭，很多店都把它作为套餐推出。和加了香料的甜玛萨拉茶也很配。

Asia · 亚洲

中国面包

Chinese Bread

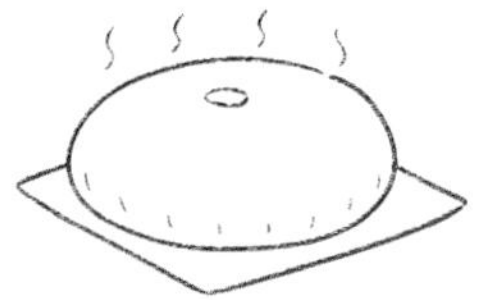

馒头、花卷、包子等是中国的传统面点，非常适合搭配可口的中国菜肴，这些面点都是采用蒸制的方式做成的。

蒸制是中国特有的烹饪方式，相较于煎炸焖炒等方法，蒸不仅对原料的破坏程度较小，也大量减少了油、盐的使用，更符合人们对健康饮食的追求。

又白又软的蒸面包

馒　头

Steamed Bread

配方
强力粉：100%
水：65% ~ 75%

data	
类型	Lean型，蒸面包，主食面包
主要谷物	小麦
尺寸	长15cm × 宽15cm × 高0.3cm
重量	46g
发酵方法	老面或者面包酵母发酵

刚蒸出来的热气腾腾的馒头最柔软美味。时间一长，表面就会干燥变硬。/ j

中国南方以大米为主食，而在北方则以面为主食。做馒头的原材料是小麦粉，可以说小麦粉在中国的饮食中是不可或缺的。

馒头主要是蒸的，里面没有馅儿。以面粉、面包酵母、水为主制作而成，口味清淡，很适合重口味的中国菜。在中国，馒头作为主食或者小吃食用。好吃的中国馒头，兼具“蓬松”和“耐嚼”。推荐上下切开，夹上甜辣味的叉烧肉，吃起来很好吃。

品尝柔软的面团和馅料

包　子

Steamed Buns

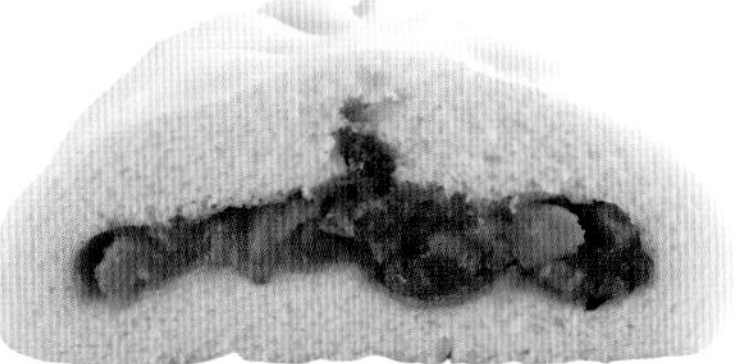

刚蒸出来的包子最柔软美味。时间一长，表面就会干燥变硬。/ j

data

类型	Lean型，蒸面包，主食面包
主要谷物	小麦粉
尺寸	长15cm × 宽15cm × 高0.3cm
重量	46g
发酵方法	老面或者面包酵母发酵

包子现蒸的最好吃。在中国，把在馒头的胚子里放入馅料的做成的面包叫作“包子”。包子的馅料非常丰富，有肉馅、菜馅、豆沙馅等，好吃的包子皮薄馅多，松软好吃。在日本，猪肉包非常流行。

卷成螺旋状的面点

花　卷

Steamed Roll

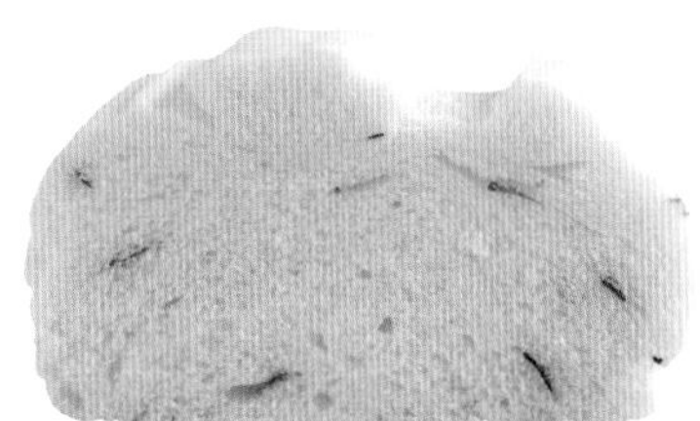

和馒头有点像，刚蒸出来的最好吃。/ j

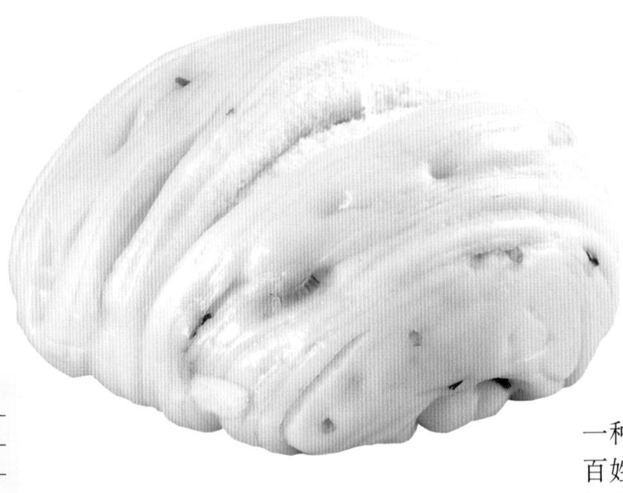

data

类型	Lean型，蒸面包，主食面包
主要谷物	小麦粉
尺寸	长8cm × 宽7.5cm × 高4cm
重量	60g
发酵方法	老面或者面包酵母发酵

花卷松软又多层，是一种古老的中国面食，是百姓家中常吃的主食，有椒盐、麻酱、葱油等各种口味。图中的是葱油味的。

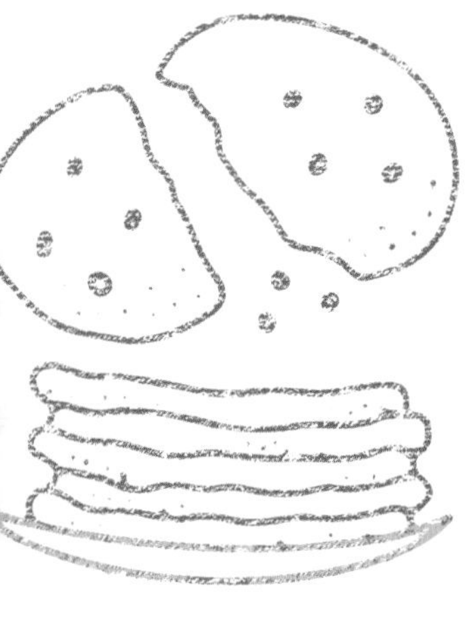

Asia · 亚洲

伊朗面包

Iranian Bread

伊朗人爱吃平底面包

把肉和蔬菜夹在皮塔饼里更好吃

皮塔饼

Schime

配方
强力粉：100%
面包酵母：1%
砂糖：0.5%
盐：1%
水：55%

可以配汤或咖喱，也可以涂上蜂蜜或果酱当点心吃。/ c

data	
类型	Lean型，烤盘烘焙，主食面包
主要谷物	小麦
尺寸	长20cm × 宽20cm × 高0.5cm
重量	90g
发酵方法	面包酵母发酵

皮塔饼在埃及和叙利亚等地叫“schime”，美国、加拿大、日本等地叫“pita”。由于用高温短时间烘烤，内部中空，呈口袋状，所以也被称为“口袋面包”。白色的圆形口袋状面包，吃起来软绵绵的。

切开后在“口袋”中放入各种食材做成三明治，吃起来也很方便，不易弄脏手。因为味道清淡，所以可以搭配日式、西式、中式等多种食材。另外，烤到表面酥脆也很美味。伊朗人经常直接掰成碎片和料理一起享用，还会放上食材像比萨一样烤着吃的。

Asia · 亚洲

日本面包

Japanese Bread

吸纳海外饮食文化，根据日本人口味改造而成

日本的面包不像法国和德国的面包那么硬，而是以松软的面包为主流。特别是日本便利店和超市的面包，大多采用中种法制作面团，其特点是做出的面包质地细腻、湿润柔软，还有淡淡的发酵种香味。

豆沙面包是日本面包中最具代表性的。在面包还未广泛普及的明治时代，由木村屋总店的创始人设计出了符合日本人口味的面包。从那以后，面包作为点心被人们所喜爱，逐渐演变出果酱面包、可乐饼、甜瓜面包、奶油面包、咖喱面包等多种点心面包。另外，还制作出以英国和美国面包为基础改造而成的主食面包。

在众多的面包店中，大型面包生产商生产的面包占了日本面包消费量的七八成。另外，在以手工制作为主的零售面包店中，法国面包、德国面包的人气越来越高。

如今，面包已成为日本人饮食中不可缺少的一部分，在日本，你几乎可以吃到全世界各种各样的面包。

在日本广泛流行的面包

方形吐司

Toast

配方
强力粉：100%
面包酵母：2%
砂糖：6%
盐：2%
脱脂奶粉：1%
起酥油：4%
水：68%

data	
类型	Lean型，模型烘烤，主食面包
主要谷物	小麦
尺寸	长12cm × 宽12cm × 高12cm
重量	390g
发酵方法	面包酵母发酵

烤好后放置2 ~ 3h，稍微冷却后即可食用。/ d

日本所说的吐司面包主要是指方形吐司，因吐司模具盖了盖子，使面团烤成方形而得名。因为外形与美国普尔曼车相似，所以也被称为“普尔曼形面包”。不盖盖子烤出的面包称为“山形面包”。

方形吐司柔软而细腻，口感很好，带点咸甜味，其面包边又被称为“面包耳朵”，看似平平无奇，实则香甜可口。一个标准的方形面包有1350g。

日本学校的午餐主食

热狗面包

Koppepan

配方
多使用方形吐司的面团。

data	
类型	Lean型，烤盘烘烤，主食面包
主要谷物	小麦
尺寸	长12.5cm × 宽7cm × 高4cm
重量	45g
发酵方法	面包酵母发酵

新鲜出炉的味道最好。可上下对半切开，放入各种各样的食材享用。/ d

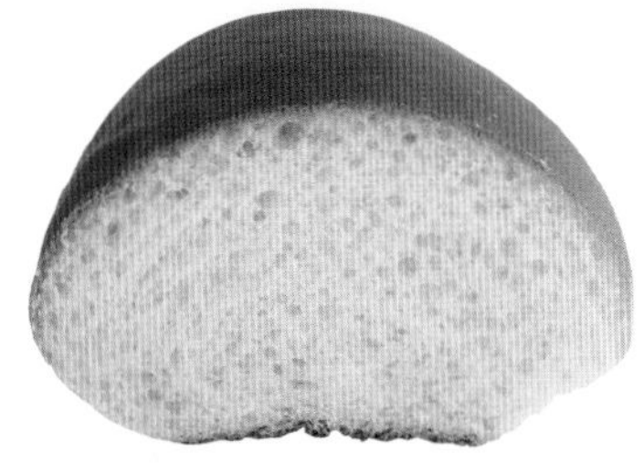

热狗面包（koppepan）名称来自法语coupé。过去，日本以吐司面包这样的大型面包为主流，昭和十年热狗面包作为学校餐包被制作出来，并开始广泛普及。供餐时，配菜和牛奶一起供应，有时还会配上果酱，有时还会被加工成油炸面包。

虽然使用了和方形吐司同一种面团，但因为不放入模具烘烤，所以质地薄，口感松软。

面包是没有光泽的茶褐色海参形，带着微甜的简单味道，不易影响搭配食材的原本味道。热狗面包常在传统面包店出售，上下对半切开，夹上炒面、炸肉饼、马铃薯色拉等也很受欢迎。

爱吃咖喱的人喜欢的不得了

咖喱面包

Curry Bread

刚炸好时，表面的面包糠很酥脆。放置了一段时间就会变软，建议买回来的咖喱面包用烤箱等加热比较好吃。/ d

配方
使用与方形吐司相同的面团。

昭和二年，东京的名花堂面包店做出了加入咖喱的“洋面包”，据说这是最早的咖喱面包。之后，许多商店和企业开始开发，成为日本常见的熟食面包。

将稍硬的咖喱馅用面团包起来，捏成圆形或椭圆形，表面裹上面包糠，油炸。据说炸面包是仿照炸猪排演变而来的。油炸的咖喱面包比较常见，烤的也很受欢迎，咖喱的口味和食材因面包店而异。目前，以咖喱面包为基础，加入其他配料的炸面包也开始在市场上活跃起来。

在日本，几乎所有年龄段的人都喜欢吃咖喱面包，适合作为简餐或点心食用。另外，辣味咖喱面包和啤酒很配。

data

类型	Rich型，油炸面包，主食面包
主要谷物	小麦
尺寸	长13.8cm × 宽7cm × 高4.7cm
重量	93g
发酵方法	面包酵母发酵

有很多奶油

螺旋面包

Cornet

配方
面团制作同豆沙面包。

data

类型	Rich型，模具烘烤，点心面包
主要谷物	小麦
尺寸	长16cm × 宽6cm × 高5cm
重量	83g
发酵方法	面包酵母发酵

面包口感柔软。为了不让面包和馅料干燥，烤好后要趁早吃/d

花生奶油螺旋面包

“cornet”是由法语的“corne（角）”及英语的“cornet（短号）”演变而来。

把面团擀成细长条，然后包裹在一个锥形的金属模具上，然后烘烤，烤好后取出模具，再填入巧克力、奶油等馅料。所以，与其他带馅面包相比，你可以享受到更新鲜的馅料。

除了代表性的巧克力螺旋面包外，还有奶油螺旋面包、花生奶油螺旋面包等多种口味。可以和牛奶、咖啡、红茶等搭配。

日本国民面包

豆沙面包

Anpan

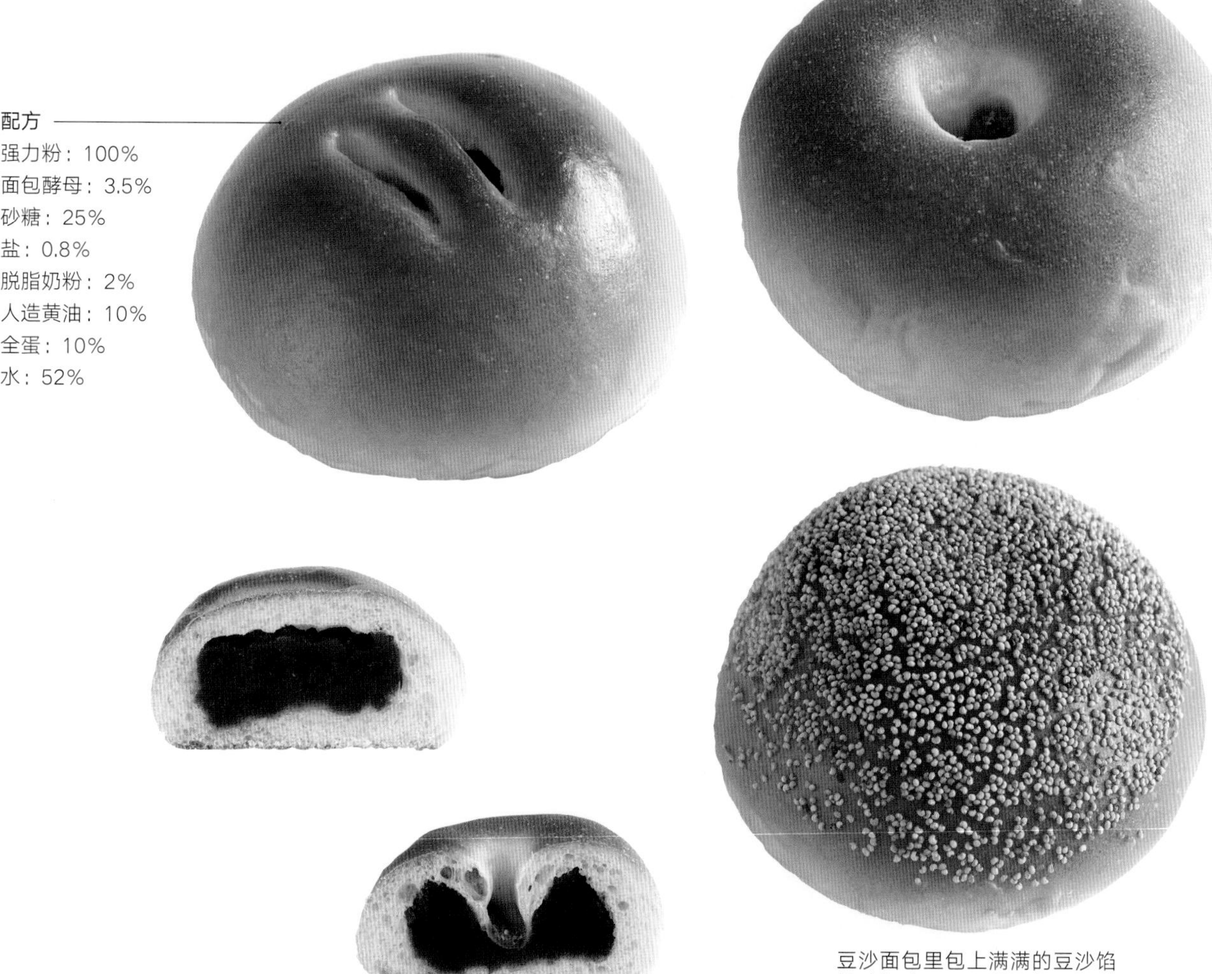

配方

强力粉：100%
面包酵母：3.5%
砂糖：25%
盐：0.8%
脱脂奶粉：2%
人造黄油：10%
全蛋：10%
水：52%

豆沙面包里包上满满的豆沙馅儿才好吃，适合作为点心或早餐，搭配茶或牛奶享用。/ d

data	
类型	Rich型，烤盘烘烤，点心面包
主要谷物	小麦
尺寸	长7cm × 宽7cm × 高3.5cm
重量	49g
发酵方法	面包酵母发酵

明治二年，木村屋总店花了开发出了适合日本人口味的酒种豆沙面包。明治八年，又开发出樱花豆沙面包，献给明治天皇，并获得天皇的好评。樱花豆沙面包现在也是木村屋的人气商品之一。现在市面上常见的豆沙面包，多以面包酵母为发酵源，而原版则使用酒种。

豆沙面包从小孩到老人，都很喜欢。富含糖分的软面团和豆沙搭配起来口感非常绝妙。一般是加入豆沙馅，但也有面包店加入栗子馅、艾草豆沙馅等，或使用法棍面包的面团来制作，种类非常丰富。

充满果酱的酸甜味

果酱面包

Jam Pan

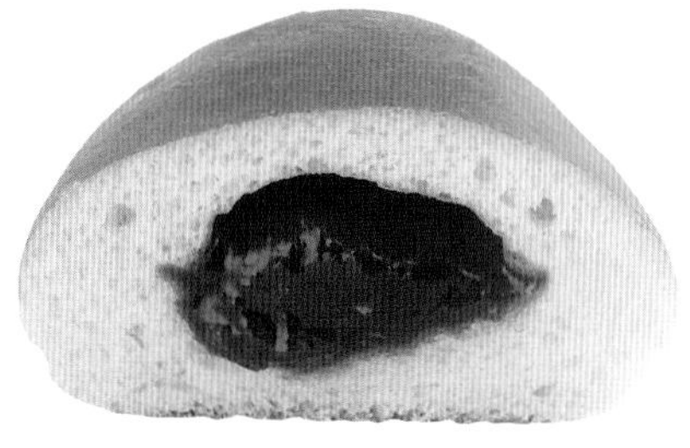

照片是杏果酱。面包配上酸甜的果酱，非常适合搭配咖啡、红茶、牛奶。/ d

配方
面团制作同豆沙面包。

data

类型	Rich型，模具烘烤，点心面包
主要谷物	小麦粉
尺寸	长12.5cm × 宽7cm × 高4.2cm
重量	68g
发酵方法	面包酵母发酵

用豆沙面包的面团包裹果酱烤制而成，明治33年由木村屋总店第3代传人——仪四郎研制而成。当时杏果酱为主流，后来又使用了草莓、苹果等各种果酱。也有人将面包烤好后再注入果酱。果酱面包形状多为海参形。

柔软的面包，适合搭配蓬松的奶油

奶油面包

Cream Pan

配方
面团制作同豆沙面包。

烤好后热气刚退去时最好吃。除了搭配咖啡和英式红茶之外，与日本茶也很搭。/d

data

类型	Rich型，烤盘烘烤，点心面包
主要谷物	小麦
尺寸	长13cm × 宽8.5cm × 高3.5cm
重量	69g
发酵方法	面包酵母发酵

1904年，新宿中村屋的创始者——相马先生第一次吃到泡芙，觉得很好吃，于是他着手制作了像泡芙一样的面包，即奶油面包，其含有卡仕达奶油，是点心面包的代表。有些面包师会在椭圆形面团上划两个切口，做成像棒球手套的形状。

表面质地像饼干一样松脆

菠萝包

Melon Pan

配方
面团与豆沙面包相同，但表面是饼干面团（也叫曲奇面团）。

表皮酥脆的时候好吃。如果觉得不够酥脆，可以用烤箱等稍微加热一下，恢复口感。/ d

菠萝包在日本叫甜瓜包，名字的由来有很多种说法，比如因外形酷似哈密瓜的网纹，加上加入了哈密瓜精华，所以叫作“melon pan”。关于起源，有人说是第一次世界大战后从美国回国的日本人传下来的，也有人说是大正时代中期人们从德国点心中得到启发制作而成的。在日本关西地区，因为人们认为菠萝包和刚刚升起的太阳很像，所以又称为“sunrise（サンライズ）”，其特征是表面用饼干面团制作并带有格子花纹，质地粗糙且口感松脆。菠萝包还有奶油馅、巧克力馅等，种类丰富。

data

类型	Rich型，烤盘烘烤，点心面包
主要谷物	小麦
尺寸	长10cm×宽9.7cm×高5cm
重量	66g
发酵方法	面包酵母发酵

[专栏]

About Bread

两种不同的面团

超市和便利店的面包
能够长时间保持美味，
是因为采用了特殊的面团制作而成。

超市里卖的单独包装的面包保质期是2～3天，即使不是刚烤好的面包也很好吃。面包店的面包可能第二天就干巴巴的了，那为什么超市里卖的面包还是那么好吃呢？

其原因大致有两个。一是，超市里卖的单独包装的面包装在塑料袋里，可以防止面团因水分蒸发而硬化。二是，制作方法不同。

有些面包还是要在面包店买才好吃。例如，酥皮面包是在其面团中加入了大量的黄油和砂糖，这样烤出来的面包口感柔软，老化速度也会变慢。但是，在日本面包店的酥皮面包会使用大量的油脂来折叠面团，因此会出现一层面团和一层油脂交替重叠状，把它烤熟之后，面包受热膨胀，里面黄油融化形成蜂窝状气泡组织，口感就会变得松脆。但时间一长容易受潮变软，所以要吃好吃的酥皮面包最好是去面包店买刚烤好的。

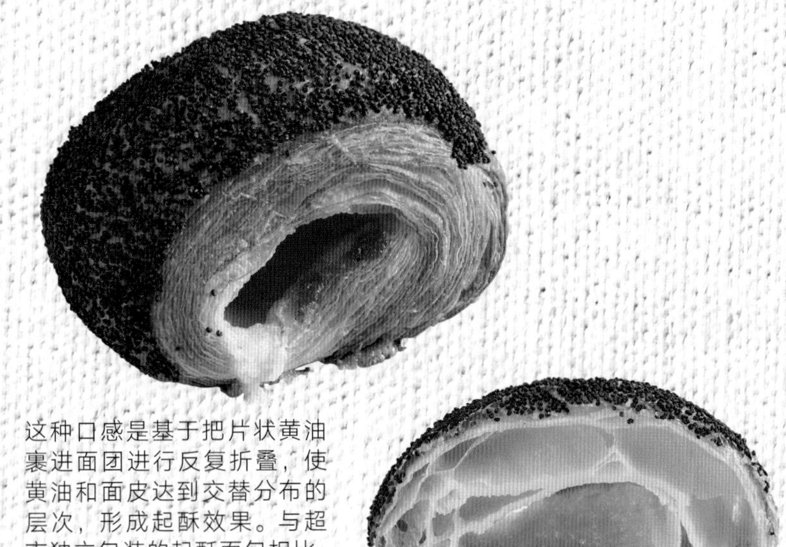

这种口感是基于把片状黄油裹进面团进行反复折叠，使黄油和面皮达到交替分布的层次，形成起酥效果。与超市独立包装的起酥面包相比，面包店的酥皮面包面团更加柔软，老化速度较快。

独立包装面包的面团中混入了更多的油脂，但折叠的油脂少。所以整体口感松软，这种柔软度时间久了也不会改变。（图片来源：山崎制面包株式会社）

[专栏]

About Bread

面包的切法

决定面包口感的是配方和孔隙。
孔隙的数量和大小会随着面团配方和成形的方式而变化，
也会随着面包的切法而变化。

孔隙的数量和大小会随着面团混合的强度和成形的方式而变化，很大程度上决定着口感。有的面包，孔隙大且数量较少，孔隙膜较厚，质地粗糙，有嚼劲。相反孔隙小的面包，整体孔隙数量多，孔隙膜薄，质地柔软。

此外，还可以通过改变面包的切法，享受不同的口感。面包中的孔隙有向顶部延伸的趋势。因此，垂直切与水平切口感会有差异。例如，巴塔面包等棒状法式面包，垂直切开的话，切面会出现巨大的孔隙，且孔隙膜较厚，所以口感比较有嚼劲。如果水平方向切开，切面的孔隙数量会多一些，可以享受到柔软的口感。

即使是小型面包，切法的不同，切面形状及孔隙也会不同。垂直切能享受柔软的口感，水平切能享受有嚼劲的口感。

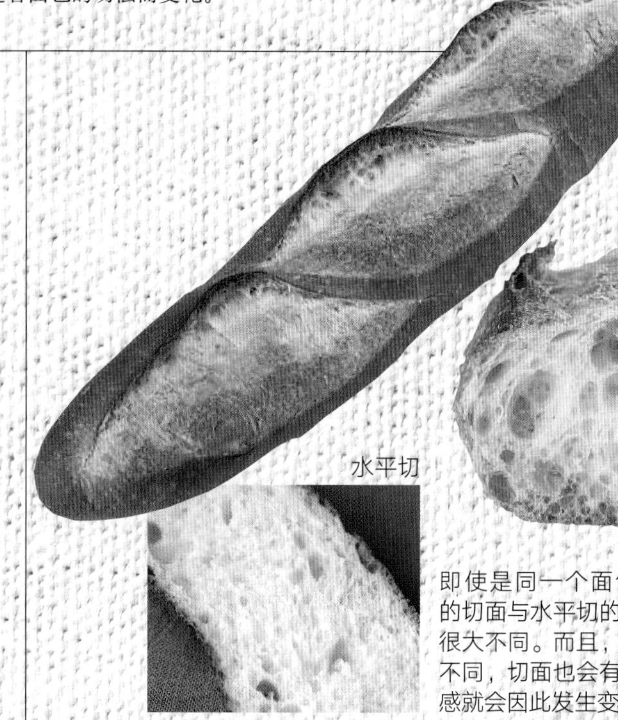

垂直切

水平切

即使是同一个面包垂直切的切面与水平切的切面也有很大不同。而且，切的位置不同，切面也会有差异，口感就会因此发生变化。

垂直切

水平切

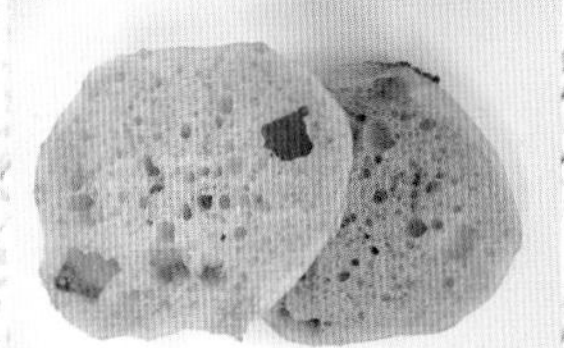

小型面包的不同的切法，口感差别也很大。为了享受清脆而有嚼劲的口感，水平切开（右）。水平切的面包推荐做成三明治。

Part 2
制作面包

制作面包的材料

面包的配方，在很大程度上决定了成品的味道。
一般来说，面粉、面包酵母、水、盐是主料，其他都是辅料。

面粉
（主料）

强力粉

是制作面包最常见的面粉，因为蛋白质含量较高（12%左右），麸质含量较高，延展性较好、吸水率高，所以适合制作面包，不适合做蛋糕。

准强力粉（法式面包专用面粉）

蛋白质含量在11%左右，麸质含量较低，烤制后表面会变脆，因此适合制作法棍面包等直接烘烤的面包。

决定面包香味和口感的面粉

麸质是谷物中存在的一类蛋白质，在面团揉捏、醒发过程中麸质形成网状结构，可使面包口感松软。根据蛋白质的含量不同，分为薄力粉、中力粉、准强力粉、强力粉。为了做出松软的面包，大多数情况下都会使用强力粉。与强力粉相比，准强力粉麸质含量较低，一般用于制做法式面包。另外，全麦粉保有与原来整粒小麦相同比例的胚乳、麸皮及胚芽等成分，营养丰富，天然健康。

除了小麦粉以外，制作面包也经常使用以德国面包为代表的黑麦粉。因为其不能形成麸质，所以吃起来没有松软的口感，但是面包有独特的酸味和甜味。

根据面包选择适合的面粉，可以说是制作面包的第一步。

薄力粉

蛋白质含量在8%左右。因不易形成麸质，所以不适合单独用其制作面包，常与强力粉混合使用，会使面包的口感更加柔软。

全麦粉（细磨全麦面粉）

保留小麦的表皮和胚芽，将小麦全粒磨成的面粉。与普通面粉相比，全麦粉含有大量的维生素、氨基酸、食物纤维，营养价值高。用30%左右的强力粉与其搅拌，会使面包变得松软，既能保持面包的口感，又能提高面包的营养价值。

全粒粉（粗磨全麦面粉）

据说比细磨的全麦粉的润肠作用更明显。为了改善粗糙的口感，制作面包时通常用温水浸泡后使用。

黑麦粉

因为黑麦粉不能形成麸质，用其制作面包，内部孔隙看起来很拥挤。为了改善这种情况，使用酸种使其膨胀，因此黑麦面包常伴有酸味。

其他　米粉　即大米磨成的粉末，混入少量小麦粉，可用于制作面包。
玉米粉　在粉碎的玉米粒中混入少量小麦粉，主要用于制作玉米饼。

不同产区的小麦差异

强力粉的主要产地是美国和加拿大，面粉的颜色是白色的，富含蛋白质。相比之下，德国和法国产的小麦蛋白质含量较少，用其制作的面粉为准强力粉，面粉的颜色有点偏黄。另外，日本产的小麦蛋白质含量低，属于中力粉，适合做乌冬面，但不适合做面包。但是，最近日本已开始栽培蛋白质含量高的小麦。

面包酵母
（主料）

干酵母

日本售卖的干酵母大部分是从欧洲进口的。适用于Lean型面包面团的发酵。一般是在温水中加入微量的砂糖和干酵母，进行预备发酵。

速溶干酵母

可以直接和面粉混合使用，不需要预备发酵，非常适合家庭使用。发酵的香味非常清爽。使用后密封，可以在冰箱中保存1年左右。

生酵母

日本售卖的生酵母多为日本产。因为能使加入大量砂糖的面团松软膨胀，所以用途广泛，从面包到点心均可使用。在冰箱里可保存3周。

泡打粉

泡打粉和小苏打常用作使甜面包膨胀的气体发酵源。气体的产生方法与面包酵母不同，不适合用于普通面包。

让面包膨胀的必要条件

酵母发酵产生二氧化碳，使面包面团膨胀，形成有弹性的面团。面包店里制作面包用的是生酵母和干酵母，发酵力强。家庭制作面包一般仅使用干酵母，或者不需要预备发酵的速溶干酵母。干酵母发酵有一股独特的发酵香气，速溶干酵母的发酵香气更加清爽。发酵香气是发酵时产生的酒精和有机酸等散发出来的气味。制作面包时，要合理控制酵母的用量、发酵的温度和时间。

天然酵母

（主料）

自制天然酵母

可以从葡萄干、苹果、猕猴桃等果实或谷类中繁殖野生酵母。其特点是，能散发出复杂的香味，口感丰富。只是操作起来比较难，适合高级玩家。

星野天然酵母

市面上售卖的一种野生酵母品种，比较容易烤出独特风味的面包。与面包酵母相比，需要更长时间（20 ~ 30h）的发酵。

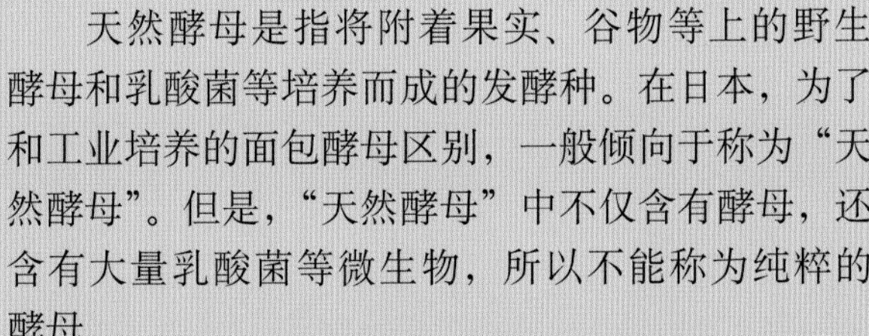

天然酵母是指将附着果实、谷物等上的野生酵母和乳酸菌等培养而成的发酵种。在日本，为了和工业培养的面包酵母区别，一般倾向于称为“天然酵母”。但是，“天然酵母”中不仅含有酵母，还含有大量乳酸菌等微生物，所以不能称为纯粹的酵母。

由于天然酵母中的微生物，使天然酵母的面包具有独特的风味。但如果天然酵母培养不当，面包就不会膨胀，酸味也会过强，还可能会滋生有害微生物，所以使用时要注意。

酸种（黑麦种）

用附着在黑麦上的酵母、乳酸菌、黑麦粉及水培养而成的发酵种。酸味强是其特征，经常用于德国面包。

酒种

用大米、酒曲、水培养而成的发酵种。因为酒曲含有糖分，所以老化很慢。酒曲可以提升面包的香气。

啤酒花酵种

用啤酒花、马铃薯、面粉、水培养而成的发酵种。散发出独特的苦味。在没有面包酵母的时代，常用于制作面包。

水果酵种

利用成熟水果外皮上的微生物，与小麦粉面团共同培养而成的发酵种。微酸是其特征。常用苹果和葡萄来制作。

天然酵母和面包酵母有什么不同？

天然酵母和面包酵母听起来不同，但其实它们功能是一样的。天然酵母很难稳定发酵，成品品质也会有差异。面包酵母是从天然酵母中严选出功能稳定的优秀酵母，然后经过人工培养出来的。面包酵母如干酵母、速溶酵母等，虽然也是从自然界中选取的，但它一般都是单一菌种，用其制作出的面包，在风味、口感上和天然酵母制作出来的面包大有不同。

水
（主料）

可以使用自来水，但不可以使用碱性水，因为会影响麸质的形成。水温应根据目标温度来调节。

帮助其他材料发挥作用

让面包的面团膨胀起来需要水。麸质的形成也需要水，是制作面包不可缺少的主要材料。

吸水后的麸质弹性在硬水中比软水中强，但会影响面团发酵速度，面包成品口感比较粗糙，因此，制作面包时最好使用软水。

盐
（主料）

精制盐 制作面包时，大部分使用的是精制盐（食盐）。氯化钠含量达95.5％以上，不含多余物质，非常清爽。

天然盐 制作面包有时也使用岩盐和海盐。除了混合在面团中作配料，还可以撒在面包上作装饰。

控制面团弹性，调节发酵速度

好吃的面包，少量的盐是决定味道的关键。咸味和甜味的平衡很重要。

法式面包和吐司等面包配方有约2%的盐，含糖较多的甜面包等则会加入0.8%～1%的盐。

盐的作用很多，可以收紧麸质，让面团更有弹性，还可以延缓酵母的发酵，防止发酵过度。不放盐的面团会变得黏糊糊的，从而影响面团的舒展和膨胀，也会破坏美味。盐容易吸附水分，所以要注意贮藏方式，应放入密封容器中，避免受潮。

鸡蛋
（辅料）

制作面包大部分用含蛋黄、蛋清的全蛋。富含蛋白质、维生素A、钙等多种营养成分。

使面团松软，赋予风味

不同的面包在黄油和鸡蛋的用量上有很大的不同。鸡蛋的质地柔软，约含75%的水分，它在面团中的用量至少要达到10%以上才能显现效果。加入30%以上时，面团的结合能力变差，因此全蛋的用量控制在10%～30%为佳。若还要增加用量，超过的部分可选用蛋黄。

此外，在放入烤箱之前，在面团表面刷蛋液，可以使面包烤出好看的颜色。

糖
（辅料）

上白糖

最常用的是上白糖。质地细腻，使用方便。而且，它的甜味不会让人觉得腻，可以搭配任何面包。

三温糖

具有独特的风味和浓郁的甜味。在精制过程中，会多次加热，因此会变成浅茶色。适合用于制作百吉果等。

细砂糖

多用于制作美国面包。结晶颗粒较小，味道清爽，可用于制作肉桂卷等。

糖粉

又称糖霜、粉糖，即将细砂糖粉碎，制成干爽的粉末状，主要用于装饰面包表面。

使面团湿润松软

糖可以帮助酵母发酵，从而让面包变得湿润松软，所以甜面包大多有松软的口感。糖还具有保湿作用，使得面团变得湿润，延缓面包老化。

常用固体油脂

天然黄油

用牛奶加工出来的一种动物性油脂。在各类油脂中是最有风味的。有无盐和有盐两种，制作面包时最常使用的是无盐的。

人造黄油

由大豆油、玉米油等制成的植物性油脂。其特点是口感更清爽，可塑性强。使用范围广，操作方便，价格也适中。在饼干、面包制作中经常使用。

起酥油

起酥油常以薄层分布在面团中，使面包起酥。有植物性的，也有动物性的。味道很清淡。为了让烤好的面包更好地脱模，也常用其涂在模具上。

猪油

精制的猪油具有独特的香味，使用后能使面包有松脆的口感。由于不易存放，家庭中使用较少，但多用于工厂生产。

常用液体油脂

橄榄油

从橄榄果实中提取的植物性液体油脂，不能使面包膨胀，但是具有独特的香味。主要用于佛卡夏等。

色拉油

同样是植物性油脂，不能使面包膨胀，但也不会干扰其他材料的味道，常使用其作为辅料。

保持面包松软

在面包中加入油脂，面包会变得松软，烤出的面包也会更香。另外，还可以抑制面包水分的蒸发，防止面包老化，维持柔软的口感。一般需要3%左右的油脂。

固体油脂最大的作用是使面团膨胀。固体油脂与面粉混合在一起，油脂会在麸质表面形成一层膜，使面团变得柔软。而橄榄油等液体油脂虽然能增加面包的风味，但是却没有膨胀的效果。

做面团的时候，油脂会妨碍麸质形成，所以要等麸质形成后再放入油脂。

如何选择油脂？

制作面包时，根据面包的种类及油脂的特性选择需要的油脂。如果希望面包膨胀、湿润，一般使用黄油；如果想让面包松脆，一般使用猪油和起酥油。另外，比起松软的口感，想增加风味的话，可以使用橄榄油。而且，即使是同一种油脂，也会因产地和生产者不同而风味不同。

乳制品
（辅料）

牛奶

制作面包添加牛奶会使其散发香味。制作面包用牛奶代替水时，要比水量多10%左右，最好一边调整面团的硬度一边混合。为了让烤出来的面包颜色更好，有时候还会在面团表面涂上牛奶。

脱脂奶粉（脱脂牛奶）

是将全脂牛奶除去脂肪干燥而成。因为它可以长期保存，所以是制作面包最常用的乳制品。由于放入水中会结块，所以最好和砂糖混合后再使用。

酸奶

在全脂牛奶或脱脂牛奶中加入用乳酸菌和酵母发酵而成。可以将酸奶加入面包面团中，可以使面包风味清爽和口感柔软。

鲜奶油

可使面包更有风味，质地湿润。因为它容易变质，不易保存，所以要注意贮存方法。

使面包味道更好，质地更柔软

制作口感柔软的面包时需要使用乳制品。乳制品中所含的乳糖，赋予面包淡淡的甜味。另外，由于乳糖和脂肪能起到滋润面团的作用，所以奶油面包更柔软。乳糖的另一个作用是上色。含乳糖的面包，其表面烘烤时会有着色反应，烤出来的颜色会变深。

乳制品营养价值高，含有较高的蛋白质。最常用的是比较容易保存和使用的脱脂奶粉，然后是牛奶。乳制品一般需放在冰箱里贮藏，应做好温度管理，尽早用完。另外，为了避免气味转移，最好放入密封容器中。

其他
（辅料）

坚果

图中有南瓜子、杏仁、核桃。把切碎的坚果放在面团表面或者混入面团中，均可增加面包的风味。

果干

图中有无花果干、橙皮、葡萄干。比起新鲜水果，果干更能在面包中保留果实的口感和风味。

香料

图中有迷迭香、肉桂。迷迭香主要用于佛卡夏的配料，肉桂主要用于肉桂卷。香料风味独特，可以使面包味道更丰富。

风味和口感的变化

不同坚果、果干、香料会给面包带来不同风味。这些辅料多混合在面团中或作为装饰使用。

如果这些辅料的量超过15%的话，麸质的弹性就会变弱，面团也不容易膨胀，所以使用时要注意用量。

因为坚果的氧化速度很快，所以只准备当下要用的量。保存时，把坚果放在密封容器里，放在阴凉处或冰箱里。果干可以泡水后使用，或者做成糖浆煮后再使用。果干和坚果一样，也要尽早用完。香料要注意防潮，同样也要尽早使用。

制作面包的工具

测量工具

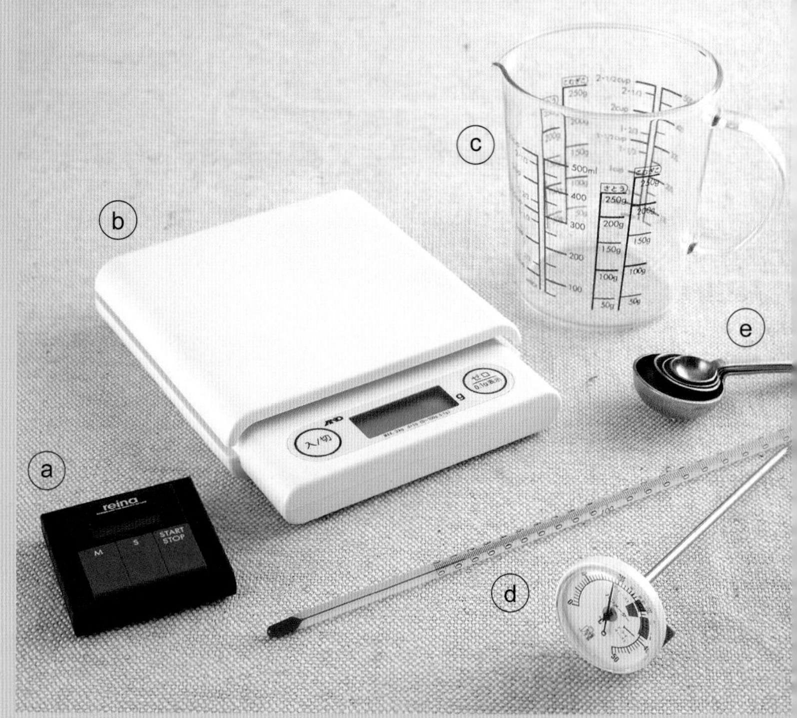

a 计时器

测量发酵时间和休息时间不可缺少的工具。最好采用电子计时器。

b 电子秤

能够准确掌握材料的重量。

c 计量杯

测量液体的量。材质一般为玻璃或不锈钢。

d 温度计

面包需要精确的温度控制，可用于测量面团的揉面温度、水温。

e 度量勺

少量的液体等用度量勺测量。将要测量的液体倒入至表面隆起为止，可使测量更精准。

混合工具

a 揉面垫

硅胶制的揉面垫不容易粘面团，利于揉面。有些是有刻度的，便于测量面团的大小。

b 搅拌碗（料理盆）

材质有不锈钢的，也有玻璃的。准备直径21cm、24cm等大小不同的尺寸。

c 硅胶刮刀

硅胶制品，适合搅拌材料。也可以将搅拌碗上的面糊轻松取下。

d 打蛋器

混合材料时使用。钢丝数越密越容易打发。

制作面包有一些是专用工具，有一些是平时做菜时就经常使用的工具。

在此介绍一些家庭制作面包时的代表性工具。

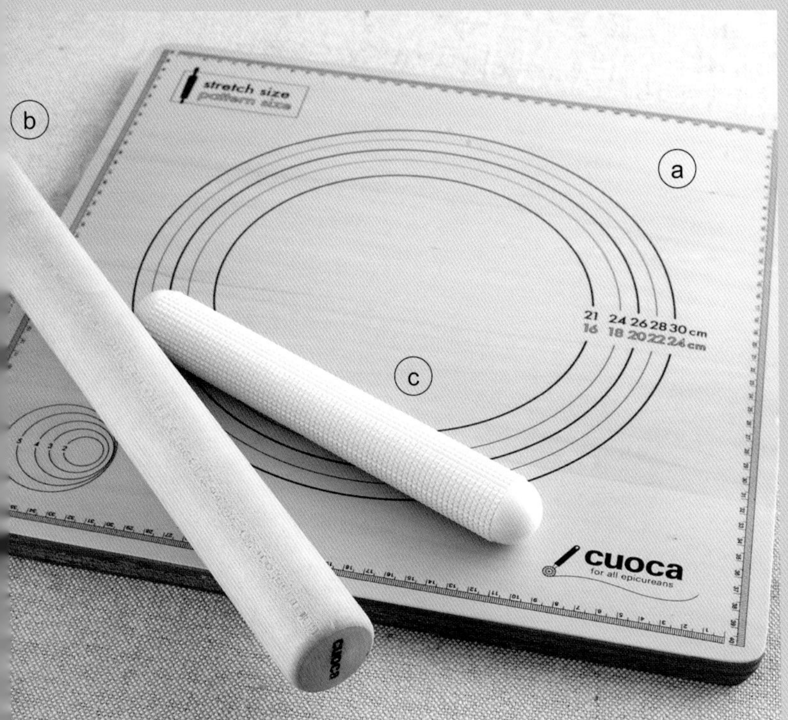

延展及调整工具

a 带刻度的揉面垫

和普通揉面垫几乎一致，但有刻度，便于确定面团大小，而且不容易移动，适合擀面团。

b 普通擀面杖

擀面团时使用，应根据制作的面团大小挑选擀面杖的尺寸。

c 排气擀面杖

一种表面凹凸不平的擀面杖。即使不撒手工粉，也不易粘上面团，操作起来很方便。

切割工具

a 刮板

可以分割黄油及面团。另外，还可以搅拌面糊，与橡胶铲用途接近。

b 切面刀

主要作用是分割面团。还可以用于取下粘在工作台上的面团，或者压制菠萝包纹使用。

c 雕刻刀

常用的面包雕刻刀分为弧形和直尺形两种。图中为弧形。弧形雕刻刀适合做流畅的曲线；直尺形则适合做一些简单的线形雕刻。一般雕刻刀十分锋利，使用时要注意。

d 锯齿刀

分割面包、蛋糕这类蓬松多屑的食物，普通的直刃刀是不合适的，用带锯齿的刀拉锯式切，才能保证切口平整，边缘不崩塌。锯齿刀的齿形也有多种多样，刀齿越尖锐密集越适合切硬的食物，刀齿越平滑纤薄的越适合切柔软易塌的食物。

发酵工具

a 发酵篮

在发酵篮中撒面粉后再放入面团进行发酵。面团发酵膨胀后会有发酵篮特有的纹路。

b 发酵布垫

发酵后用于放置法棍面包等的面团，在其他面团发酵时也可盖在面团上防止干燥。

c 塑料袋

发酵时将塑料袋盖在的面团上，可以代替保鲜膜使用。

d 盖布

干净的盖布蘸水然后拧干使用，发酵时盖在面团上，防止面团干燥。有时在面团上撒上装饰后覆盖其上，可适度保持面团润湿。

e 保鲜膜

发酵时，使用时覆盖于盛放面团的容器口或者直接盖在面团上，以免面团变干。

a 喷雾器

用其将面团表面打湿，或用其给烤箱增加湿度。

b 冷却架

用来冷却烤好的面包。要选择结实且透气的。

c 烘焙纸

为了防止面团粘在烤盘上，一般会涂上起酥油，也可以用烘焙纸代替。

d 刷子

用来在面包表面涂鸡蛋液或油。刷鸡蛋液、刷油等应分开使用。

模具

ⓐ **古格霍夫面包模具**

在最后发酵时，使面团发酵膨胀后变成容器的形状。

ⓑ **圆形模具**

用于制作英式玛芬及英式松饼等。摆在烤盘上使用。在上面再放上盖子，防止面团过于膨胀。

ⓒ **锥形模具**

用于把面团卷起来做螺旋面包。除不锈钢外，还有铁质、塑料等材质。

ⓓ **吐司模具**

方形吐司盖上盖子烤，山形吐司不盖盖子烤。

效率提升工具

除了基础工具之外，还有一些用于提升效率的工具。

自动和面机　机器和面更稳定，有些还可以设置发酵时间。图为日本KNEADER和面机。

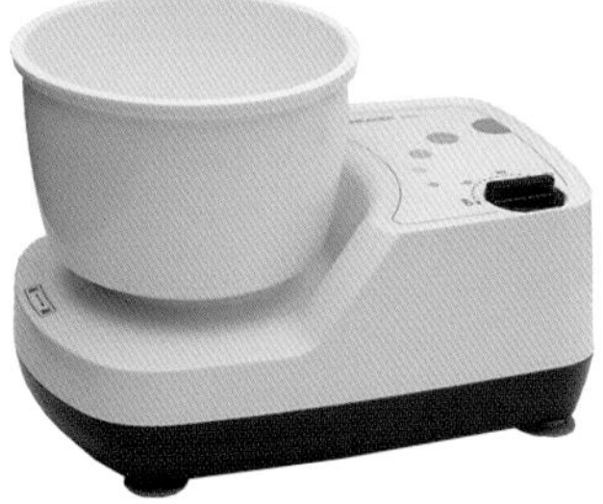

筛子　使用面粉前要过筛，特别是薄力粉。

馅料勺　可以用它将奶油、果酱等馅料塞进面团里，不易弄脏手，更易包住馅料。比起普通勺子，扁平的更方便装馅料。

裱花嘴　与裱花袋搭配使用，裱花嘴有很多种，可以使奶油挤出不同的形状。

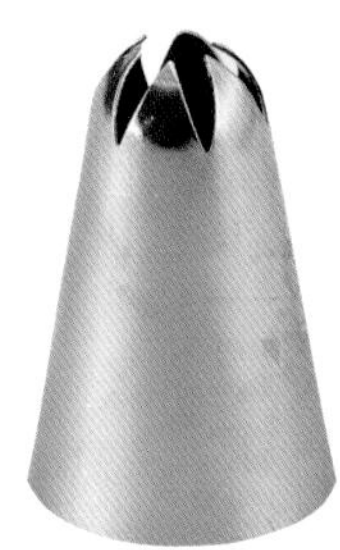

发酵箱　可管理发酵过程中的温度和湿度，提高发酵精度。图为日本KNEADER发酵箱。

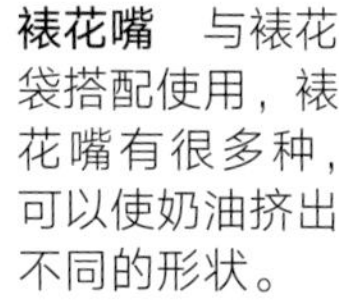

凯撒面包花纹制作专用模具　用于凯撒面包花纹的一次成形。

裱花袋　材质有一次性塑料或防水布等。

面包的制作方法

直接法

● 一次性混合材料

将所有材料一次性混合后制作面包的方法称为直接法。与其他方法相比制作工序少，是最简单的制作方法。家里手工制作、家庭面包机及零售面包店制作的面包多采用这种方法。

优点是可以充分发挥面团本身的风味，容易体现出原材料的特点，面包弹性好，与中种法相比操作时间短。缺点是很难调整面团的发酵情况，而且材料的品质和配比对面包的影响很大，面包老化较快。

缩时法

● 利用酵母缩短制作面团的发酵时间

也可以说是加速版的直接法，为了缩短制作面包的时间，增加面包酵母的量（是直接法酵母用量的1.5 ~ 2倍），将揉面温度调高，使用搅拌机充分搅拌。

烤好后与直接法相比，口感细腻柔软。但因为发酵时间少，发酵产生的风味和香气稍差。

中种法

● 面包更美味

又称二次发酵法，先将部分材料发酵做成中种，熟成后，再与剩下材料混合。

中种法发酵产生的芳香物质，可以增加面包的风味。经过长时间充分熟成，做出的面包内部柔软且不易老化，面坯不易损伤且烤制出的面包体积大，经常被面包厂广泛采用。

中种法制作时间长，难以体现各种材料自身的风味，但做出的面包柔软，更适合用于甜面包、餐包等柔软的面包制作。

不同的面包，适合的和面方法和发酵法也不同。
在此介绍7种代表性的面包制作方法。

酸种法

● 用于制作黑麦面包

利用自然界的天然酵母和乳酸菌制作酸种，并用其制作面包的方法。其特点是会因环境及培养体的不同，而使其菌种与数量不同，其发酵程度与发酵产物的种类及数量也会有所不同，会使面包的味道及香气各有千秋。因此将不同培养体的菌种区别使用，就可以做出不同特色的面包。

因为酸种中乳酸菌活性高，所以做出来的面包带有强烈的酸味。常见的有裸麦酸种、鲁邦种（法国）、潘多尼种（意大利）、旧金山酸种（美国）、黑麦酸种等。

波兰种法

● 水分较多，发酵的香气较好

又叫液种法，是指将面粉和水以1 ： 1的比例混合，加入少量酵母拌匀，经预先发酵再与其他材料混合制作面团的方法。因为这个制作方法是从波兰传来的，所以称为波兰种法。

波兰种含水量高，发酵好的酵头呈海绵状，比较湿润无法成团，所以又被称为液种。

使用波兰种法制作的面包，发酵的香味和风味更浓郁。非常适合低糖油配方的面包制作。

隔夜法

● 在冰箱中低温发酵

也叫冷藏中种法，制作中种并在冰箱中冷藏过夜，低温发酵可以延缓中种的发酵。 与普通中种方法相比，面包发酵产生的香气和风味更温和。

老面法

● 使用前一天的面团

将事先做好的、充分发酵的面团作为面包发酵种，即老面。老面中的酵母活性低下，所以制作面包时也要同时使用面包酵母，通常是在老面中混合20%～30%面包酵母。用老面法制作出的面包，有独特的酸味。

基础款面包的制作

<黄油卷>

使用生酵母，一起挑战制作手工面包吧！P108 ～ 111还介绍了如何用黄油卷面团制作4款经典面包。

01 备齐材料

24个黄油卷

强力粉……500g
（根据自家烤箱大小，调整分量）
面包酵母……22.5g
砂糖……60g
盐……7.5g（1/2大勺）
无盐黄油……75g
全蛋……75g
水……250mL
鸡蛋液……适量

02 混合材料

1

将黄油和鸡蛋提前在室温中放置，将面包酵母加入100mL水中搅拌，使其呈悬浮状。

2

将剩下的水、盐、糖依次倒入另一个碗中，用打蛋器充分搅拌。

POINT
做面包时，面团的揉面温度过高或过低都会影响发酵。因此，制作面团时水温管理很重要。夏天用凉水，冬季要用温水。要根据水温和当天的室温来调整。

3

放入2/3左右的鸡蛋和强力粉，用木铲搅拌。

4

搅拌至一定程度后，加入步骤1中的面包酵母。

5

用铲子继续搅拌，直至面团拉起薄膜，能缓缓垂下。

POINT
第5步的工序有点像“击球手”，注意不要一开始就混合所有的面粉。先做粉托，之后慢慢混合，这样所有面粉就能混合均匀。

6

接着将剩下的强力粉加入碗中，用手搅拌，使面粉和水充分混合。

7

待凝固到一定程度后，用面团或橡皮铲将料理盆侧面的面粉混入面团中。

8

不断把面团往盆里摔，继续重复去除侧面残留的面粉。

9

放入黄油，用手指敲、戳、压，与面团充分混合。

10

揉好后把面团放到盆里，一边拉伸一边重复折叠。

03 揉面团

1

面团揉好后，取出放在揉面垫上。

2

拉扯面团，使其从中折回，换个角度，再次重复这个动作。

POINT
揉面的关键是把面团中的麸质拉开。

3

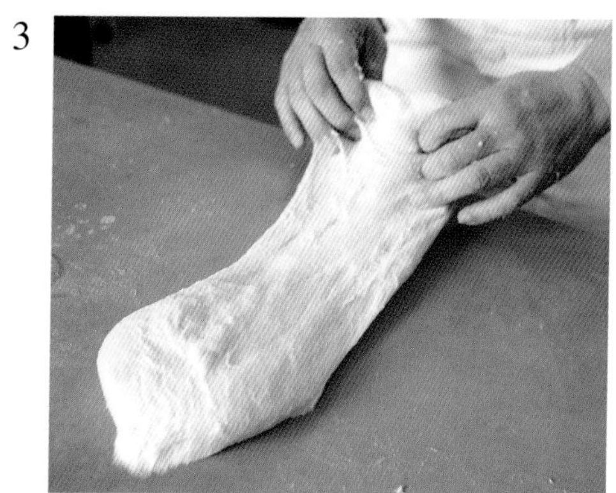

重复步骤2的动作约200次。慢慢地面团就开始变得光滑，试着把面团擀开，揉好的面团如果能形成一层光滑的薄膜即表明揉好了。

POINT

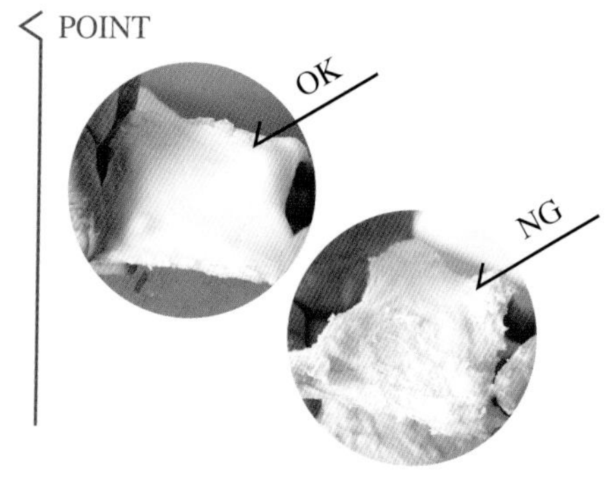

上面的图片是揉好的面团，质地光滑。如果面团像下面的图片那样，说明揉的次数不够。

4

将面团揉好成形。将温度计放入面团中，确保温度约为28℃。

POINT

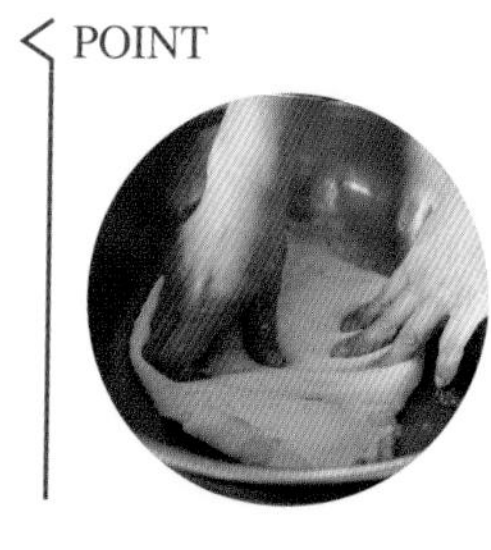

如果揉面温度低，就加热水，如果温度高，就用凉水冷却。为了让温度传递到整个面团，可将面团铺满整个碗。揉面温度控制在±1℃范围内。

接下来是发酵

如果烤箱有发酵功能的话，那就方便多了。

04 第一次发酵

1

把面团放入碗中，盖上保鲜膜。在27 ~ 28℃的环境中放置40min左右。天气寒冷的情况下，用30℃的温水浸盆。

2

放置40min，面团膨大2.5倍。

POINT

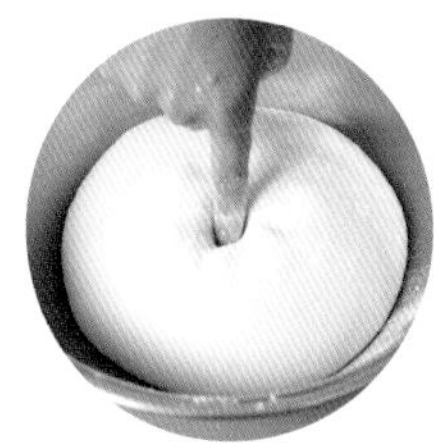

确认发酵是否完成的方法：将强力粉涂在手指上，然后将手指插入面团，然后再拔出手指，如果手指上留下面团的痕迹，说明发酵恰到好处。如果没有，则说明发酵还未完成，请再花一点时间。

05 分割 · 揉圆

1

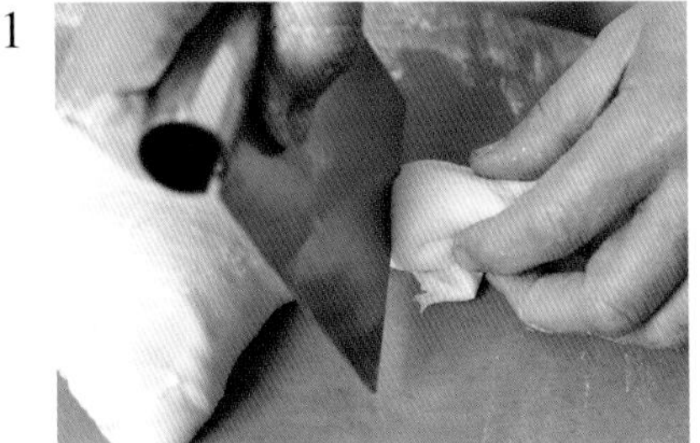

用刮板或切面刀将面团切成40g大小，共24等份。

2

用秤确认切成的小面团是否为40g。如果少，就加一些面团，如果多，就增加一些，要保持准确。

3

称好的面团放在手心。

4

用手来回揉搓将面团揉圆。

5

面团表面没有褶皱，质地光滑。

在面包店… 在台子上，同时快速地揉好两个小面团。

1

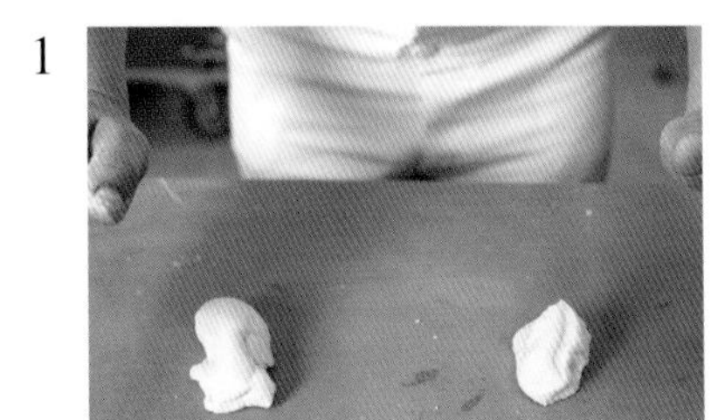

把两块面团放在台子上。

2

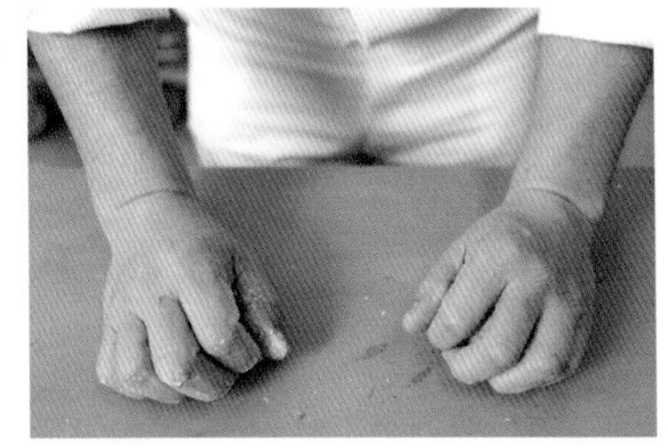

用手掌将面团包裹起来，将面团揉成团。

3

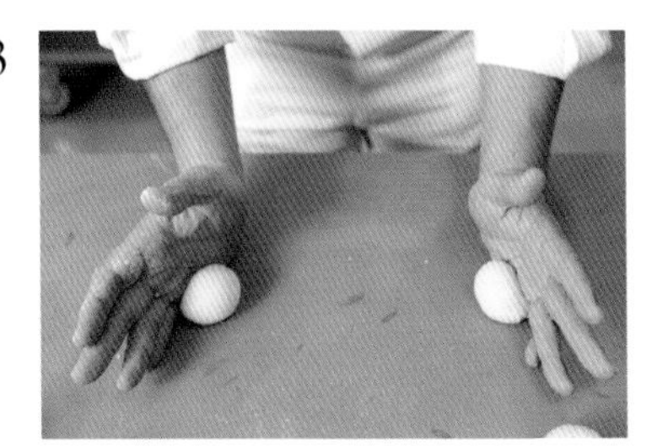

在揉面垫上来回滚动揉圆。

06 静置

将面团并排放好或放入密封容器中，避免面团干燥，静置约20min。

07 成形

1

将面团表面撒上面粉（分量外），移到工作台上。

2

用手掌轻轻压扁面团。

3

把面团翻过来，从两边向中心折叠。

4

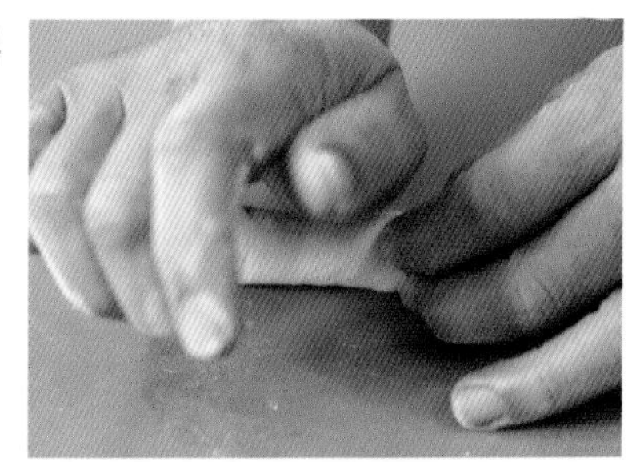

再从中心对折。

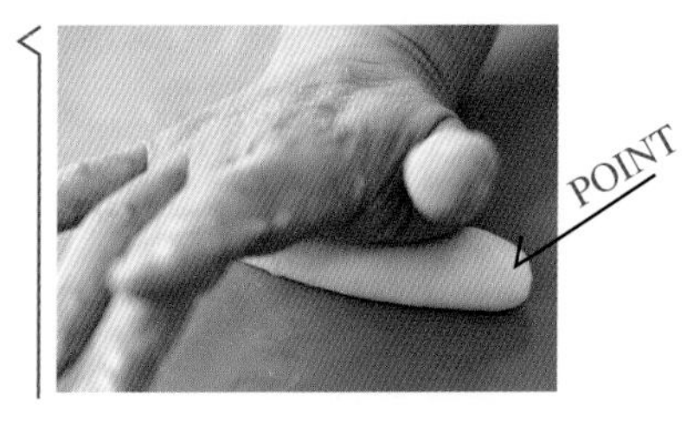

来回搓揉面团使其变长，注意不要将面团从上往下压。

5

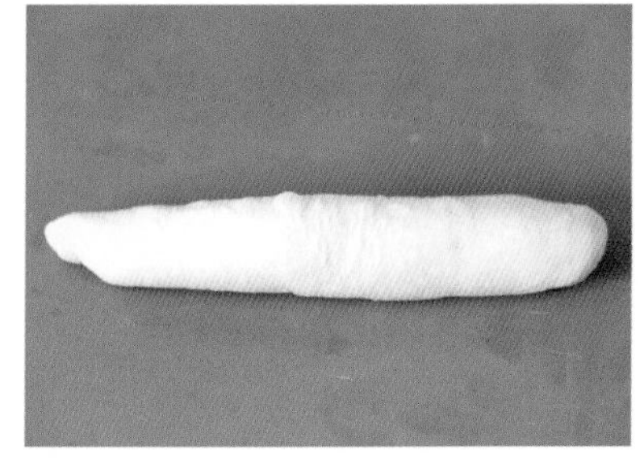

做成一端稍细的胡萝卜形。为了使面团更易擀开，在面团上撒上面粉（分量外），移到工作台上放置5min。

6

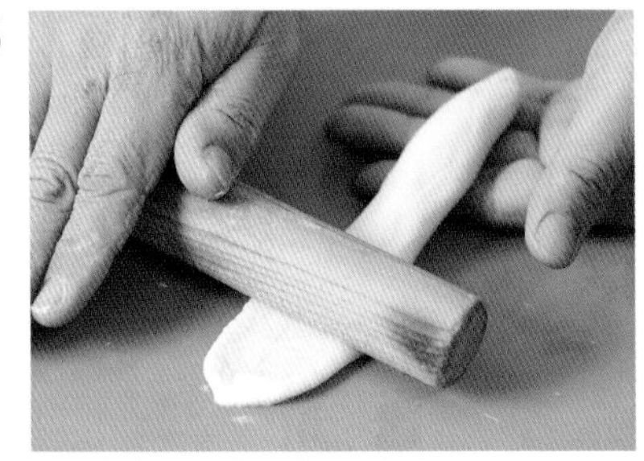

先将面团前端用擀面杖擀平。

7

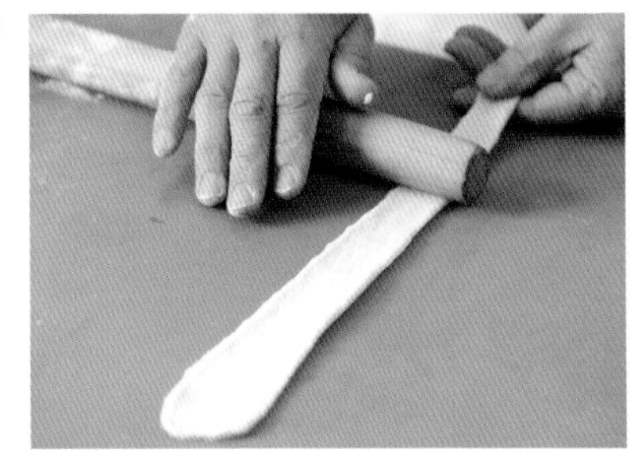

面团剩余部分一边拉细一边擀平，使得面团由前至后逐渐变细。

8

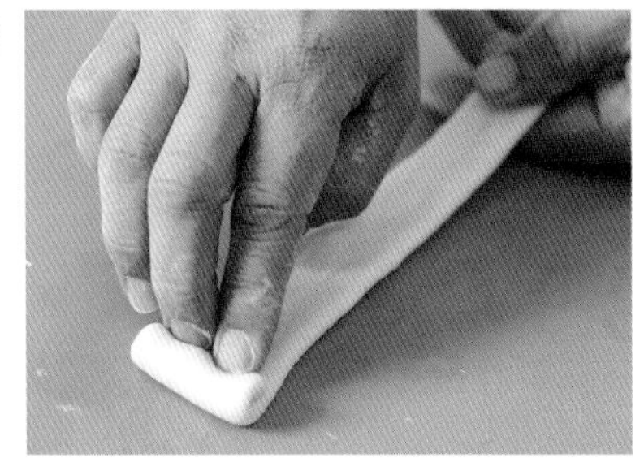

从前端开始卷，卷2 ~ 3圈，做出内芯。

9

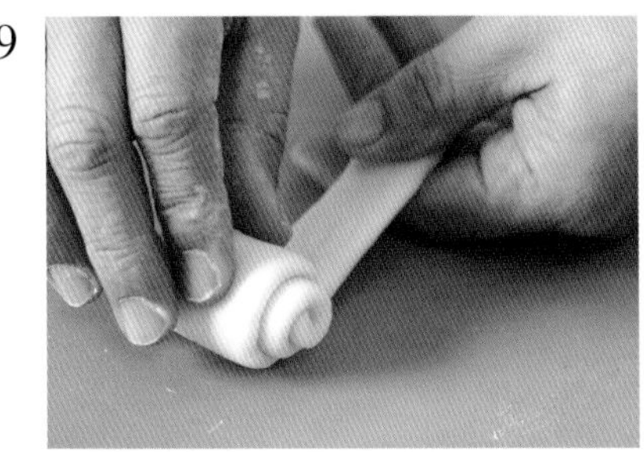

拉着面团后端，边拉边卷，使其不要过于松散。

10

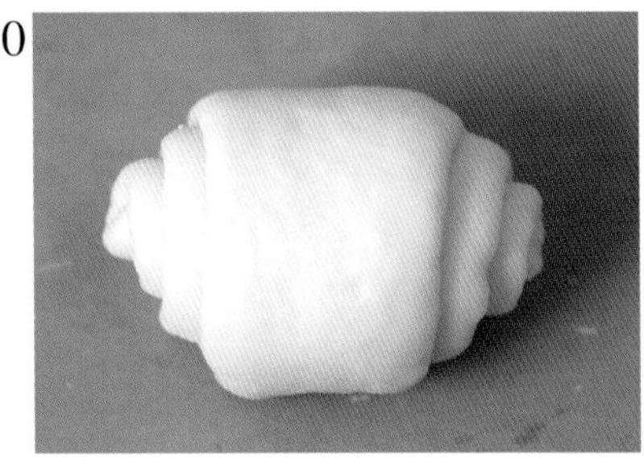

卷完收口朝下即完成。

POINT
刷上蛋液后，面包易上色、有光泽。若不刷蛋液则需要刷油以增加光泽

08 最终发酵及加工

1

在烤盘上刷上油，摆放面团，注意收口朝下。在室温条件下，放置40min进行最后一次发酵。

2

膨大至3倍的大小时发酵结束。在此期间，将烤箱预热到210℃。

3

用刷子将蛋液均匀涂在面团上。

POINT
烤9min成色最好。如果烤箱的温度太低，不容易上色，烤的时间过长，面团易变脆。

POINT
理想的最终发酵温度为38℃，湿度为85%。为了保持温度和湿度，需要专用发酵器。在家里，泡沫塑料箱子等可以创造接近理想的环境，在其中放一个可以盛水（40℃热水）的盆作底座，将烤盘置于其上，然后给箱子盖上盖子即可。

Arrange1

香肠卷

用黄油卷的面团
把香肠卷起来做面包。

材料 6份

面团……P102面团量的1/4
香肠……6片

Arrange2

火腿卷

用黄油卷的面团
把火腿包起来做面包。

材料 6份

面团……P102面团量的1/4
火腿……6片

Arrange1 香肠卷

从备齐材料至静置（P102 ~ 106）与黄油卷的制作工序相同。

成形至最终发酵及加工

1

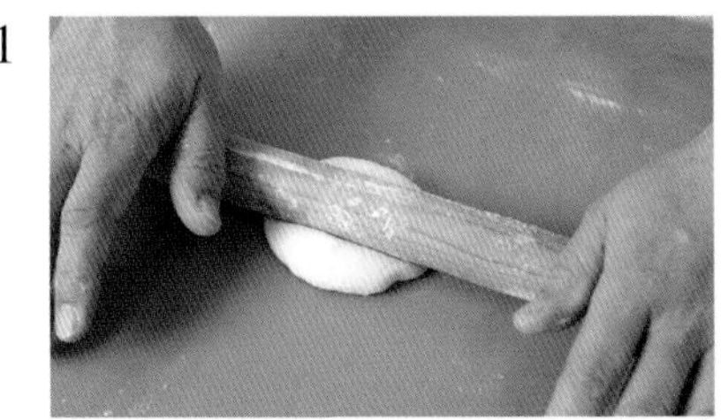

准备和黄油卷一样的面团，撒上手粉（分量外），用擀面杖将面团擀成圆面片。

2

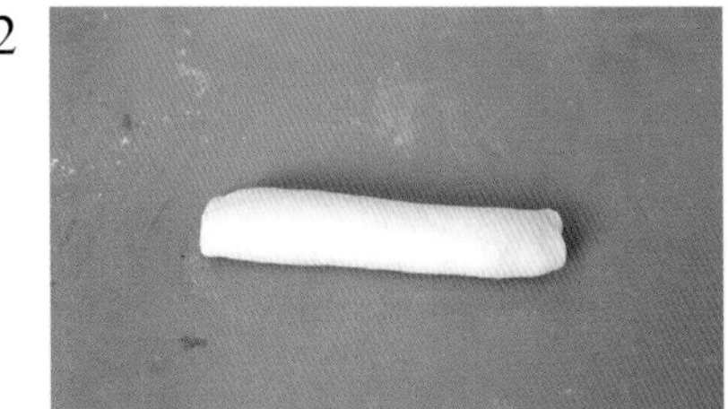

将圆面片两边向中心对折，再对折，卷起来做成棒状。

3

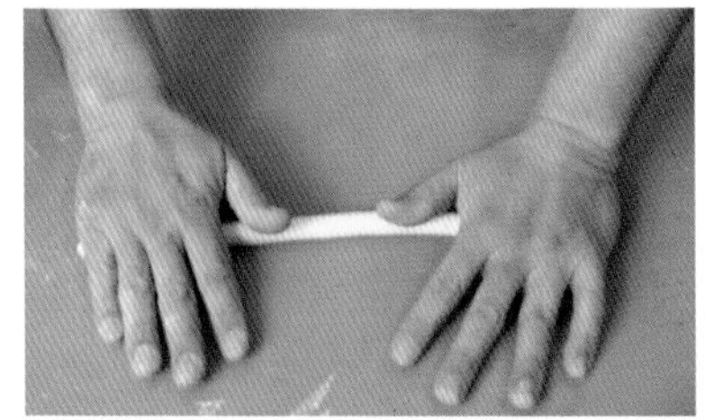

用手将棒状面团在工作台上来回搓细。

4

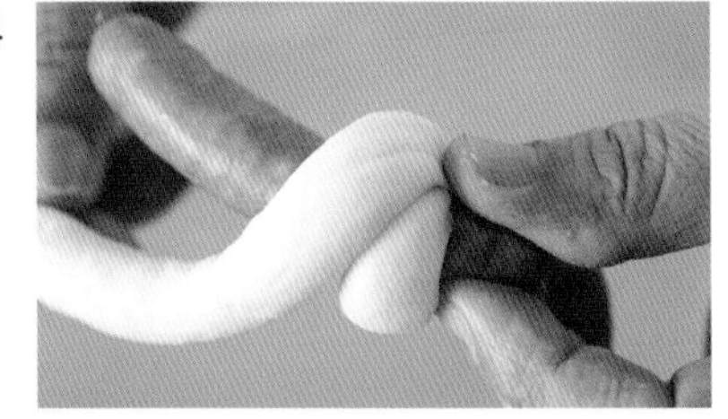

用面团将香肠裹起来。刚开始缠绕时，要先将面团收口捏紧。

5

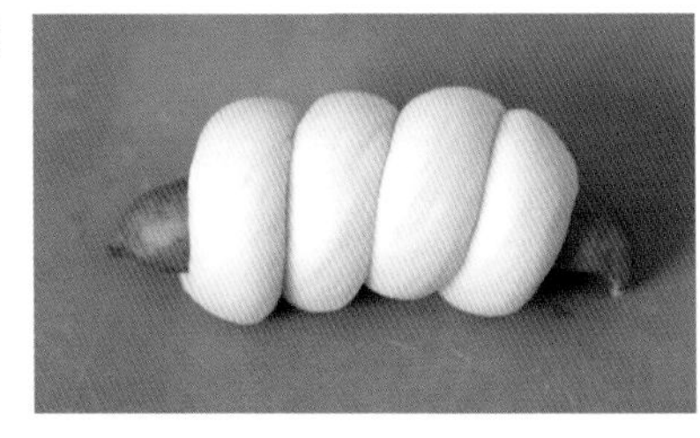

面团缠绕完成时，香肠应露出两端，注意收口朝下。

6

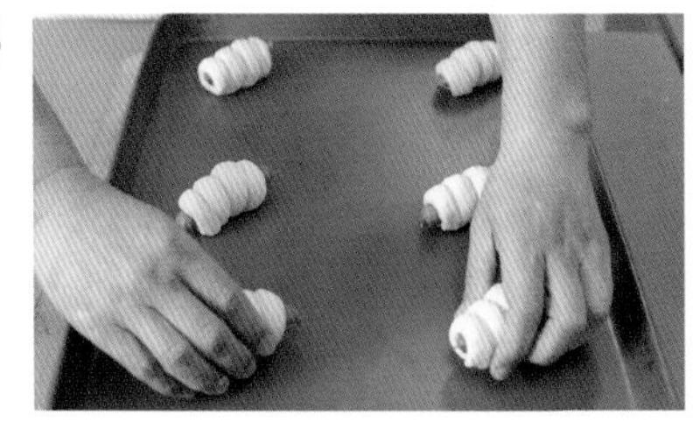

在烤盘上涂上油或铺上烘焙纸。将做好的面团摆在烤盘上，进行最终发酵。在此期间，将烤箱预热到210℃，面团膨胀后涂上蛋液，放入烤箱烤9min。

Arrange2 火腿卷

从备齐材料至静置（P102 ~ 106）与黄油卷的制作工序相同。

成形至最终发酵及加工

1

准备和黄油卷一样的面团，撒上手粉（量外），用擀面杖将面团擀成圆面片，使其形状与火腿片大小接近。

2

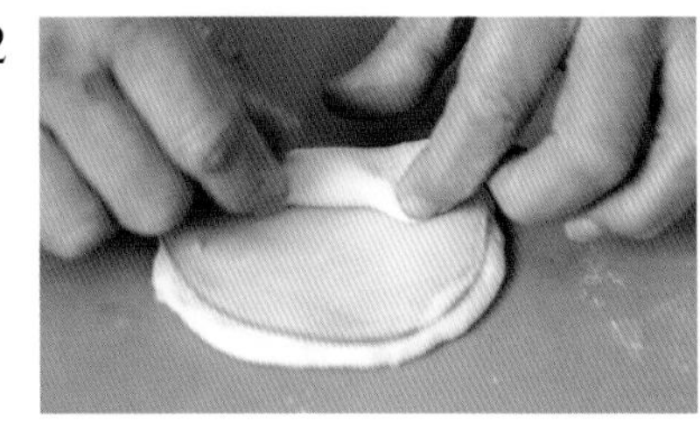

将面片上放上火腿片卷起来。

POINT
可以将火腿片替换成其他食材。你可以选择自己喜欢的食材，如培根、巧克力和花生奶油酱等，可以自由搭配。

3

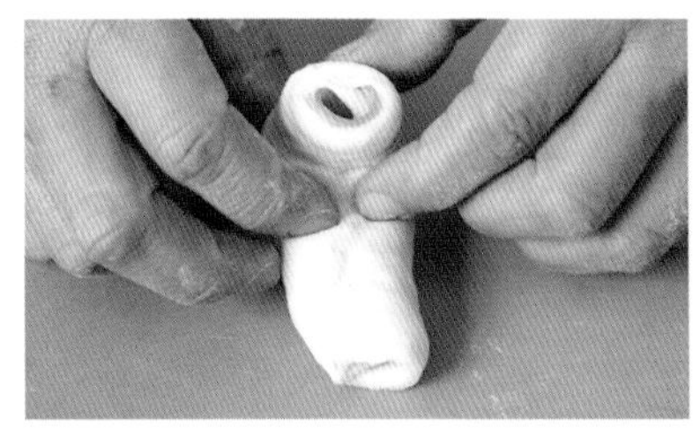

卷好后对折。

4

用刀切开，先端留 1/4 不切。

5

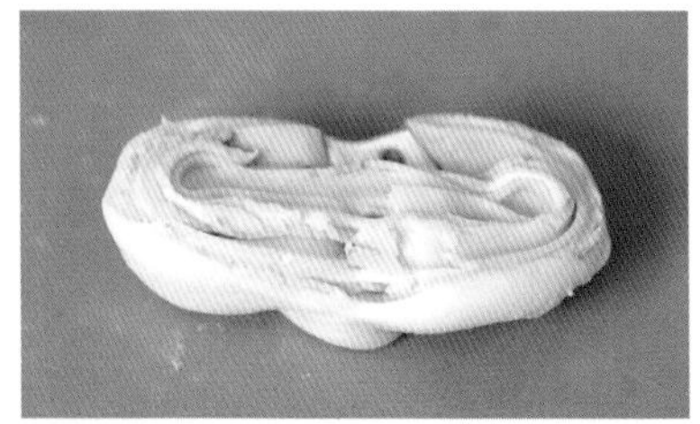

在烤盘上涂上油或铺上烘焙纸。将做好的面团切口朝上摆在烤盘上，进行最终发酵。在此期间，将烤箱预热到210℃，面团膨胀后涂上蛋液，中间挤入蛋黄酱，放入烤箱烤9min。

Arrange3

豆沙面包

经典的豆沙面包也可以用黄油卷的面团制作。

材料 6份

面团 ……P102面团量的1/4
火腿……6片
豆沙……240g
罂粟籽……适量
色拉油……适量

Arrange4

奶油面包

很受欢迎的奶油面包，也可以用黄油卷的面团制作。

材料 6份

卡仕达奶油……240g
色拉油……适量

Arrange3 豆沙面包 从备齐材料至静置（P102 ~ 106）与黄油卷的制作工序相同。

成形至最终发酵及加工

1
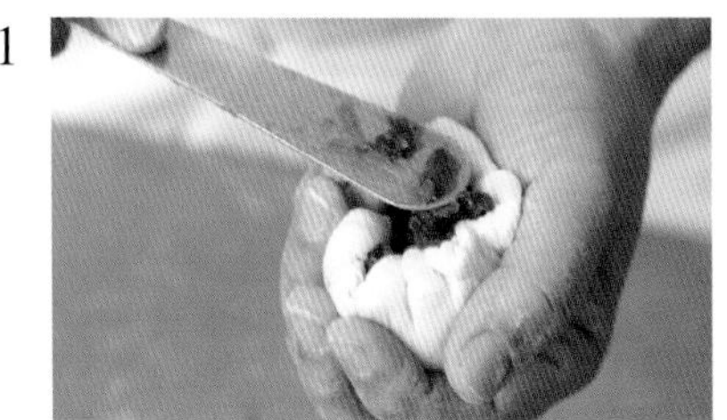
准备和黄油卷一样的面团，撒上手粉（分量外），用擀面杖将面团擀成圆面片，比火腿卷的圆面片稍厚，用手拿着面团，放入40g豆沙。

2
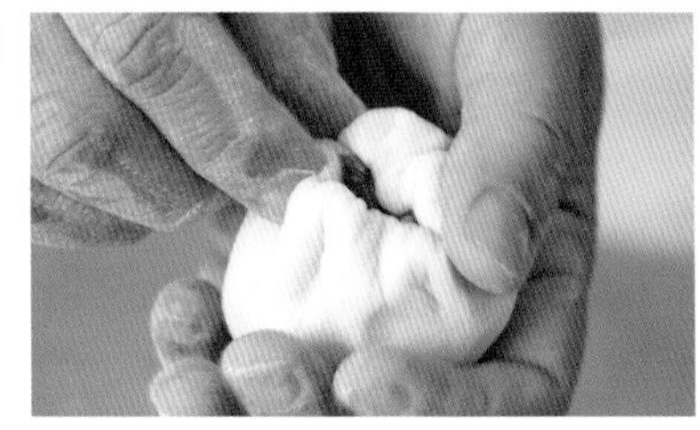
收口。

3

用蘸水后拧干的布子打湿面团的光滑面，然后将面团光滑面轻轻压在碗中的罂粟籽上。

4
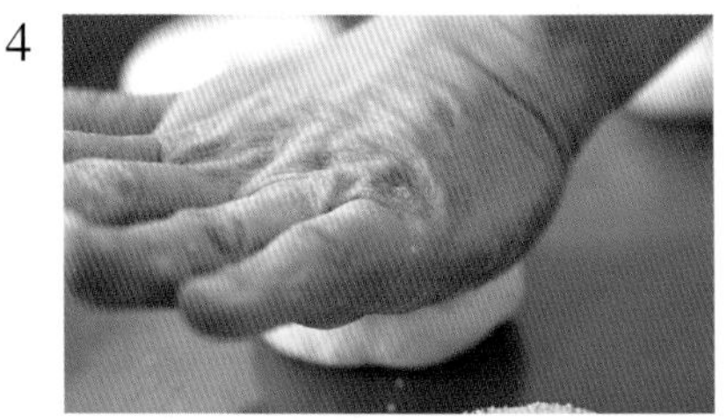
在烤盘上涂上油或铺上烘焙纸，将有罂粟籽的一面朝上，用手掌从上面轻轻按压。

5

用食指或拇指在面团中心压出一个坑。

6

在烤盘上涂上油或铺上烘焙纸。将做好的面团摆好，进行最终发酵。在此期间，将烤箱预热到210℃，面团膨胀后放入烤箱烤9min。

7

烤好后，在其表面涂上适量色拉油，使其更有光泽。

POINT
面包是否完成最终发酵，一定要轻轻触摸面团表面进行确认，如果质地轻柔，留下了触摸过的痕迹，发酵状态正好。如果面团会回弹，那就再等一会儿。

Arrange4 奶油面包 从备齐材料至静置（P102 ~ 106）与黄油卷的制作工序相同。

成形至最终发酵及加工

1

准备和黄油卷一样的面团，撒上手粉（分量外），擀开面团，使其两端稍厚，呈椭圆形。将卡仕达奶油放在面团中心，约40g。

2
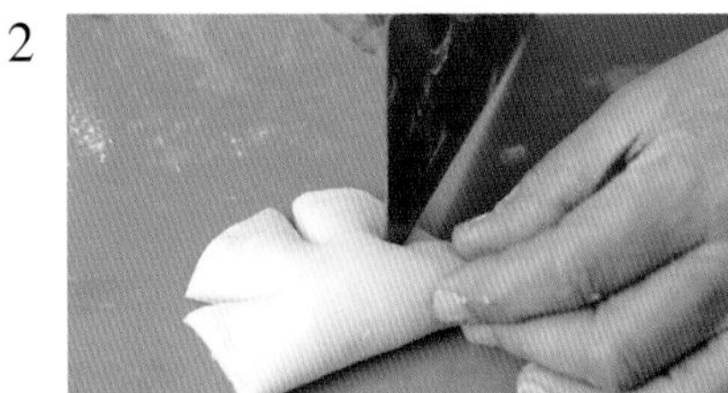
从中心对折收口，在收口处做3个切口。

3

在烤盘上涂上油或铺上烘焙纸。将做好的面团摆在烤盘上进行最终发酵。在此期间，将烤箱预热到210℃。面团膨胀后涂上蛋液，放入烤箱烤9min。烤好后，在其表面涂上适量色拉油，使其更有光泽。

基础款面包的制作

<吐司>

面包店的机器一次可以制作很多面包。这种方法在家里很难实现，但如果有家用面包机就可以做到。请根据自身需要调整分量。这是吐司主要采用直接法制作。

01 备齐材料

1020g吐司 6份

换（以下材料可以制作1个单卷吐司、2个u形吐司及3个英式吐司）

强力粉……6000g
面包酵母……120g
砂糖……360g
盐……120g
脱脂奶粉……60g
起酥油……240g
水……4080mL

02 混合材料

1

将砂糖、脱脂奶粉混合。将面包酵母放入500mL水中几分钟，保持悬浮。起酥油在室温条件下放至融化。

2
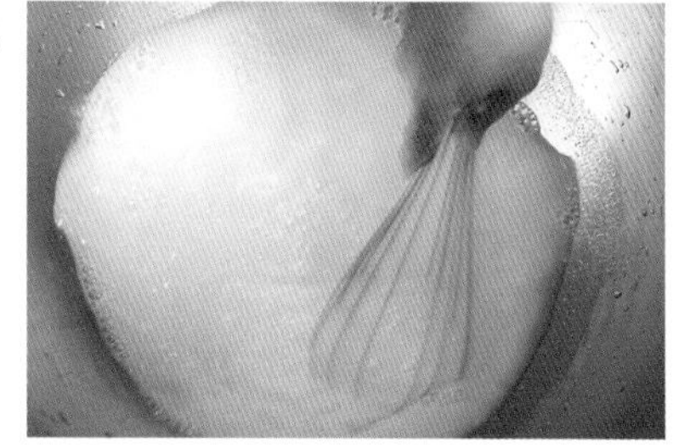
把剩下的水放进搅拌机的碗里。将1中砂糖及脱脂奶粉的混合物、盐放入打蛋器中混合。

3

放入所有面粉，加入1的面包酵母。

4

为了使材料混合且不飞溅，开始时用搅拌机低速搅拌3min，然后再高速搅拌2 ~ 3min。

5

加入起酥油。在起酥油上面放上面团，使其从面团下面进入。

6

低速搅拌1min，高速搅拌2 ~ 3min，确认面团状态，再搅拌2 ~ 3min，总计搅拌6 ~ 7min。将温度计放在面团上，确认搅拌温度为27℃。

03 第一次发酵·打孔

1
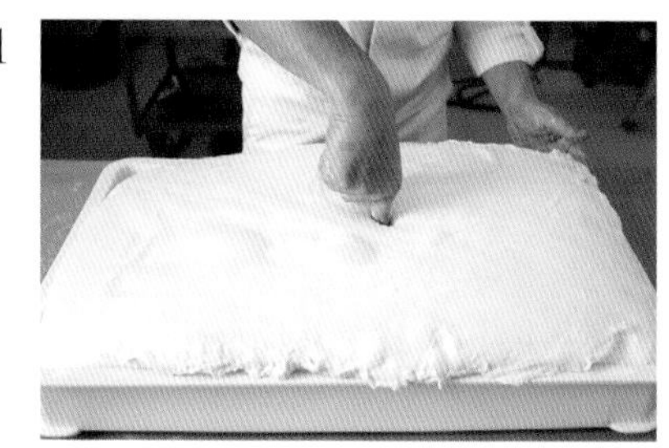
放入大容器中，在27℃的条件下放置90min进行第一次发酵。将手指插入面团中检测发酵是否完成。

2
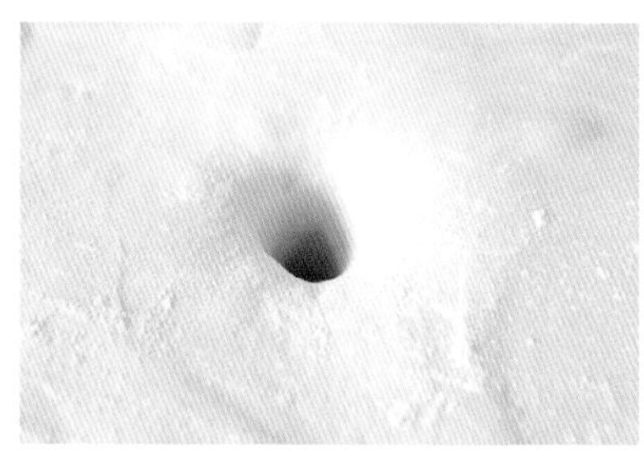
如果手指插入面团形成的孔，没有回弹，则表示发酵完成。

3

将手粉（分量外）撒在工作台上，将面团折三折。

4
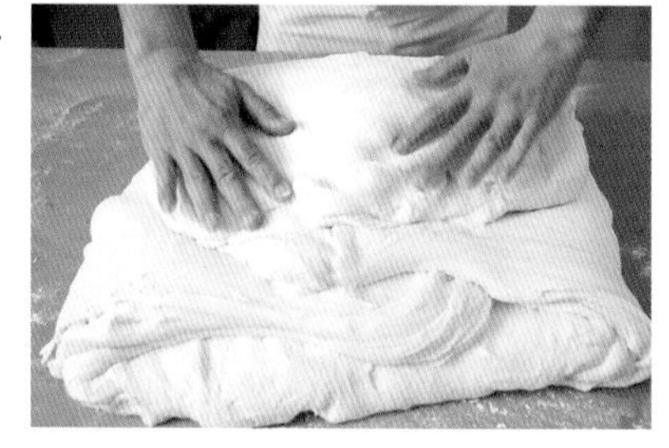
改变方向，再折三折，放回容器。

5

将面团整理好，收口朝下，再发酵30min。

04 分割·揉圆

1

当面团大小变为发酵前的2倍时，发酵结束。

2

使用切刀，将面团切成一个1560g的面团，剩下的切成30个260g的面团。

3

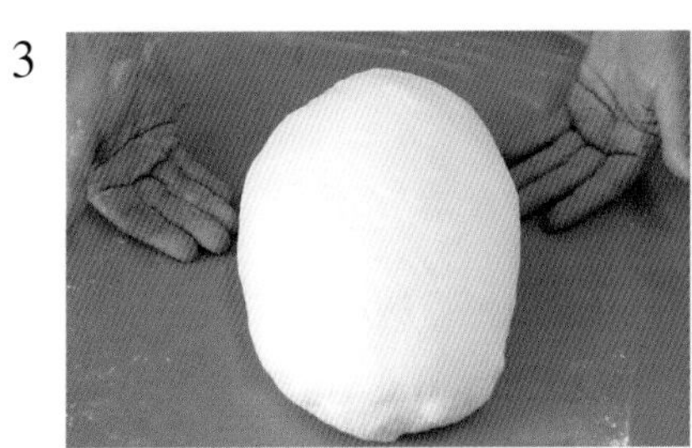

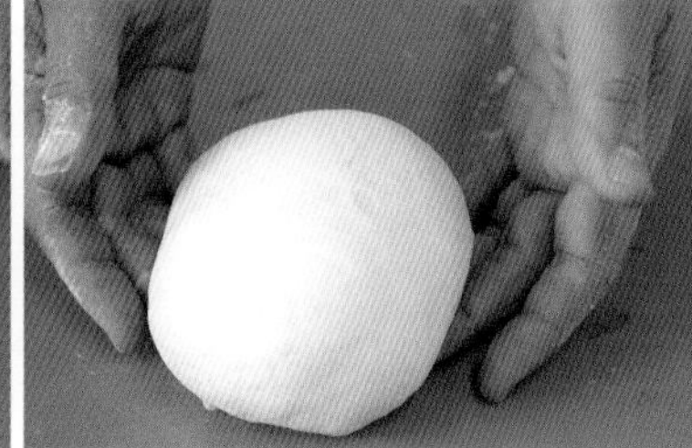

分割之后，再整理。照片左边大面团用于单卷吐司，右边小面团用于U形吐司和英式吐司。发酵时间是20min。

第一次发酵
面团会膨胀！

05 成形·最终发酵

单卷吐司

1

准备1560g的面团，撒上手粉（分量外），移到工作台上。

2

将面团擀薄，使其成近长方形。

3

将面团卷起来。

4

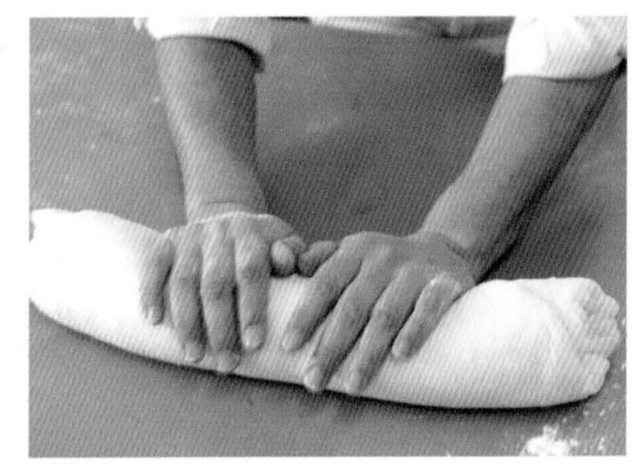

来回揉搓面团，使其符合模具大小，把面团放入模具中。

5

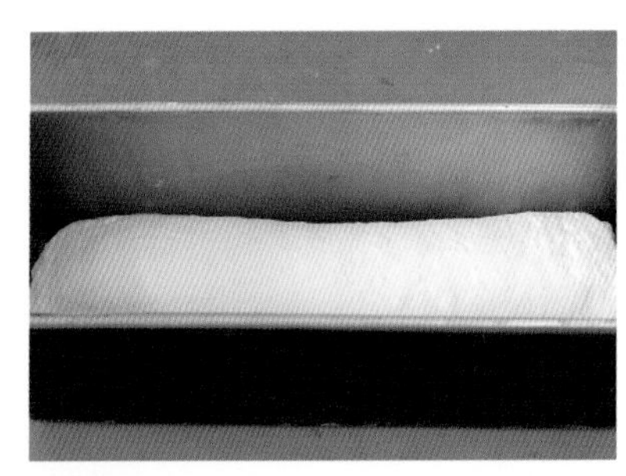

在温度38℃，湿度85%条件下发酵45min（最终发酵）。在此期间，烤箱预热至210℃。

U形吐司

1 

准备6个260g的面团，在面团上撒上手粉（分量外）。

2 

将面团擀开后卷起。

3 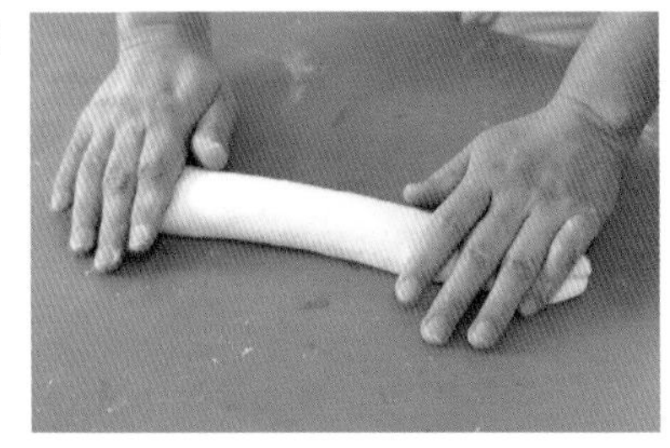

来回搓面团使其成棒状，长约25cm。

4 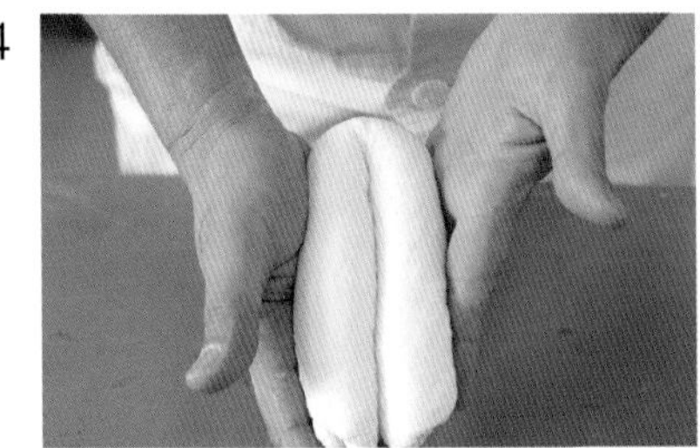

将棒状面团对折。

5 

将对折的面团如上图开口朝向交替变换放入模具中。在与单卷吐司相同的环境中进行最终发酵。在此期间，烤箱预热至210℃。

英式吐司

1 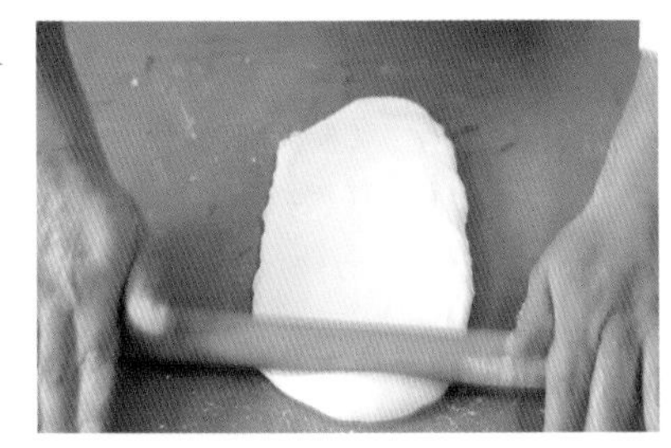

准备6个260g的面团，在面团上撒上手粉（分量外）。

2 

将面团擀开后卷起。

3 

来回搓面团使其成棒状，要比U形吐司的棒状面团稍短粗。

4 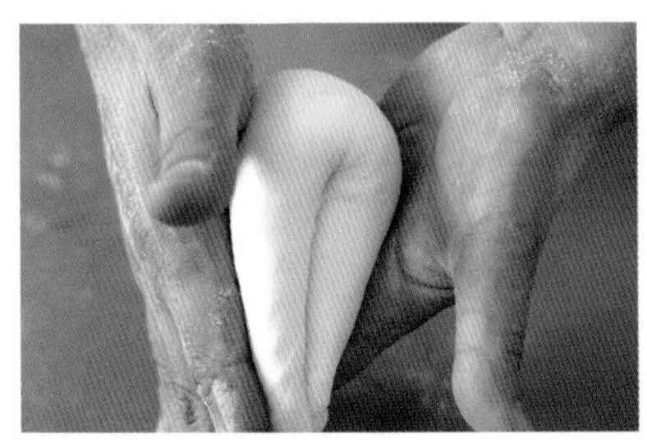

将棒状面团对折，稍压扁。

5 

将面团开口朝下放入模具中。在与单卷吐司相同的环境中进行最终发酵，但时间稍微长一点，在此期间，烤箱预热至210℃。

POINT
烘烤时间英式吐司比单卷吐司长。面团膨胀露出面包模具的上端3cm左右即说明烘焙完成。另外，吐司的整形除了U形，还有球形、圆柱形、长条形、辫子形等。

06 烘烤完成

1

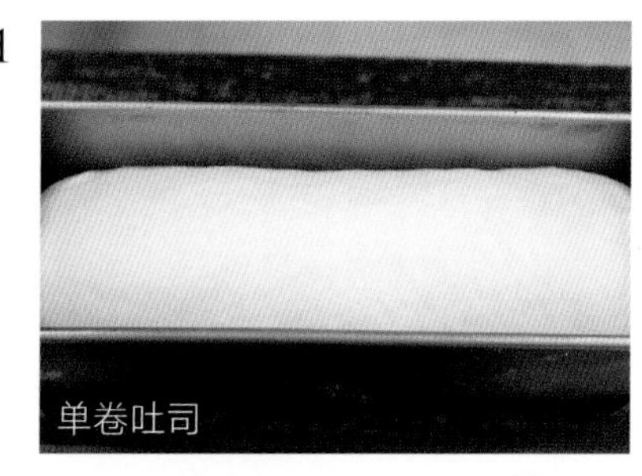

发酵完成如上图所示，除了英式吐司以外，其他两款吐司均需盖上盖子，放入预热好的烤箱，烤40min。

2

从烤箱取出后，把盖子打开。

3

用模具的底部撞击工作台，迅速地将模具开口朝下扣在工作台上，取出面包。然后将其放在面包冷却架上冷却。

完成！

[专栏]

About Bread

面团的成形方法与口感

面包的成形，不仅是做出面包的形状，

而且还包括控制气泡的形状和数量，从而达到想要的口感。

让我们一起来学习吧！。

前面介绍了3种吐司（单卷吐司、U形吐司和英式吐司）的成形方法。成形方法不同，吐司切面的气泡结构不同。下方照片的左边是单卷吐司，只要把一块面团拉长整理好，成形简单，气泡少，气泡膜厚；右边为U形吐司，它的成形较费工夫，气泡多，气泡膜薄。那么，口感会发生怎样的变化呢？单卷吐司气泡膜较厚，口感较差，而U形吐司口感松软。因为有这样的口感差异，所以方形吐司大多采用费时费力的U形吐司面团成形法。另外，山形吐司是不盖模具盖子烧制的，所以面团比方形吐司高度高。与此同时，气泡也会延长，因此会产生更轻更有弹性的口感。

照片左边是单卷吐司，可以看到中心气泡呈圆形排列，气泡粗大。右边是U形吐司，气泡细小，口感柔软。

基础款面包的制作

<法式面包>

法式面包的面团可以有很多变化。较长的法棍面包适合面包店的大烤箱，在家里制作法棍面包长度稍短。请准备好揉面机，调整分量和大小。这里的法式面包主要采用水合法进行制作。

01 备齐材料

法式面包　14份

（巴塔面包3份、刀痕面包3份、球形面包3份、法棍面包3份、麦穗面包2份）

法式面包专用面粉……3000g
面包酵母……18g
麦芽糖浆……9g
盐……60g
水……2040mL

02 混合材料

1

在搅拌机的碗里放入水和麦芽糖浆。

2

加入全部法式面包专用面粉。

3

用搅拌机低速搅拌4min。

4

面团混合成照片中所示的状态后，放置30min。

5

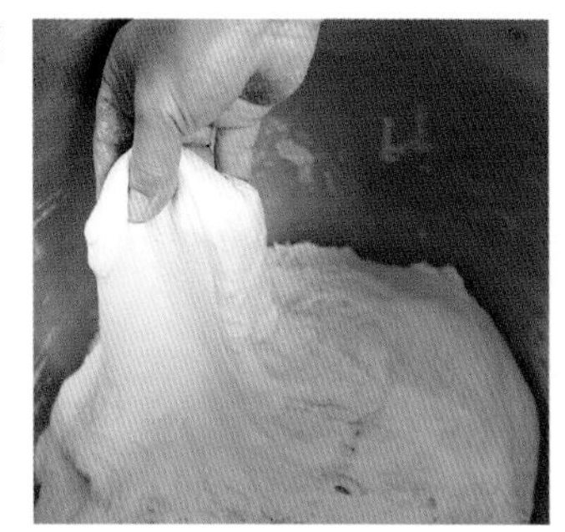

30min后，面团就会变得柔软、舒展。

6

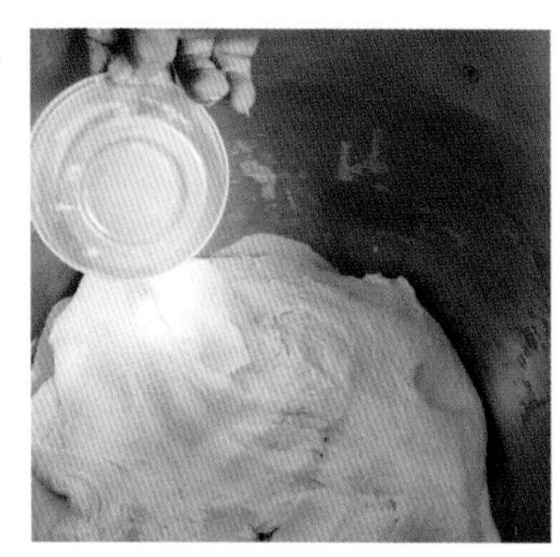

放入盐、面包酵母。

什么是水合法？

水合法（Autolyse）不是一次性混合所有材料，而是像上述操作那样将水、麦芽糖浆、面粉混合，让面团休息30min后，再与其他材料混合的方法。如果想让法式面包的气泡变少，就减少搅拌时间，但那样做成的面包就不太松软。

Check POINT

如下面的照片所示，揉面工序结束后，拉扯面团会呈现厚的膜状。

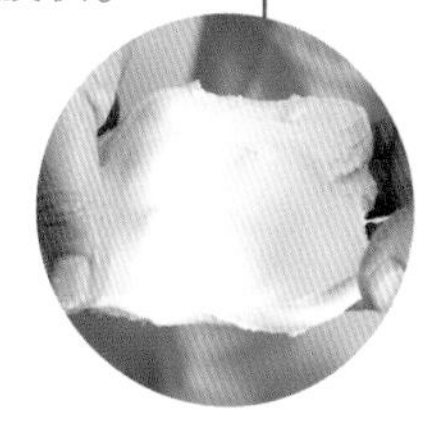

7

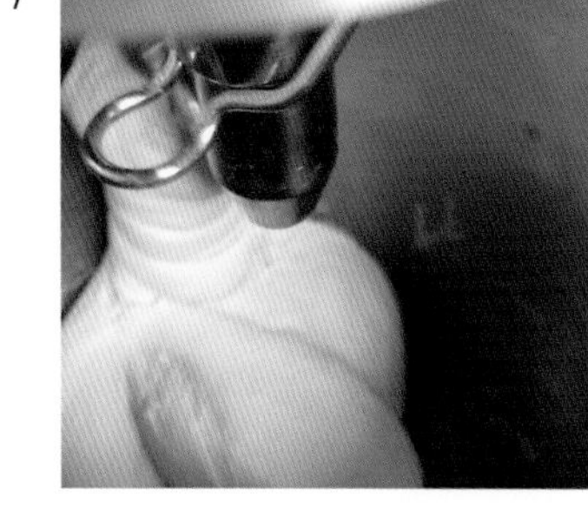

低速搅拌6min，再调至中速搅拌1 ~ 2min。将温度计放在面团上，确认搅拌温度为23℃。

03 第一次发酵·打孔

1

装入发酵箱，在27℃条件下放置90min，进行第一次发酵。第一次发酵结束后，将手指插入面团，确认发酵是否完成。如果手指插入，面团很快恢复，说明没有发酵完成，要加强重击后继续发酵。

2

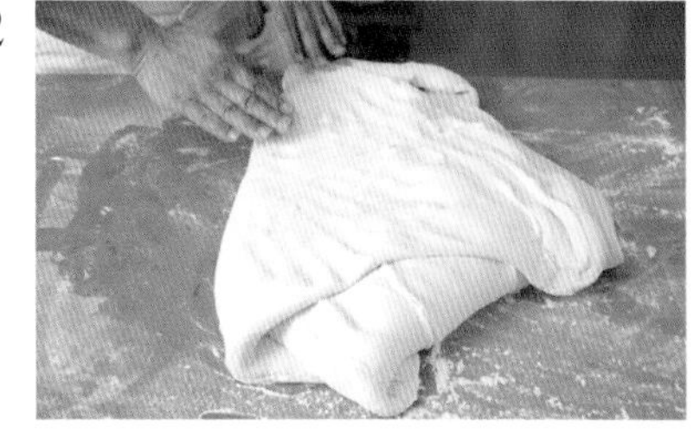

面团发酵完成后，将面团移到撒有手粉（分量外）的台子上折三折。

3

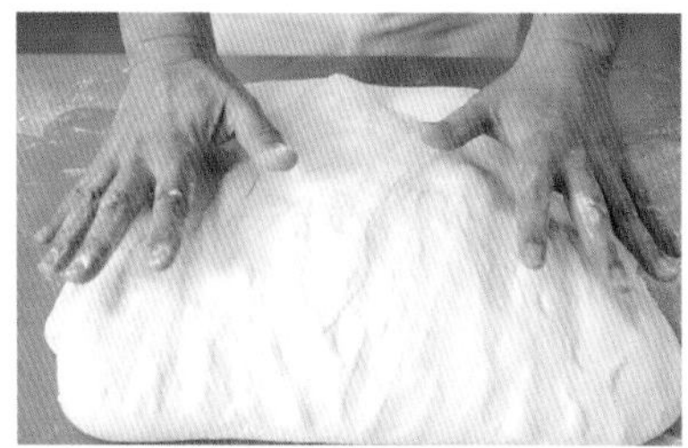

改变方向，再折三折，从上往下用力推。再发酵45min。

04 分割 · 揉圆

1 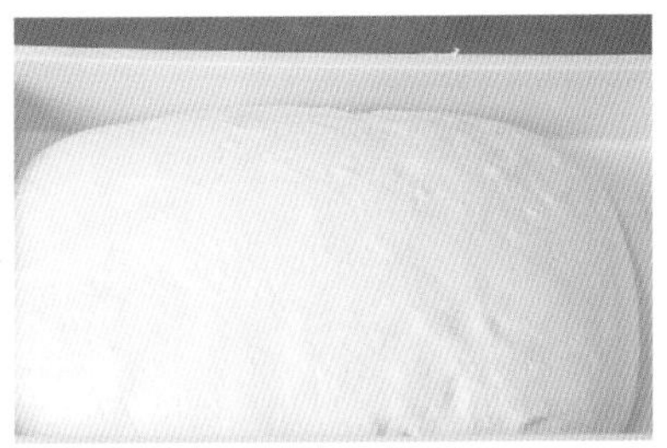

图中的面团是发酵结束的样子。

2 

用刮板或切面刀将面团切割成小份，每个350g。

POINT
法式面包的面团由于揉捏次数少，伸展性差。静置时间需比其他面包要长。

3 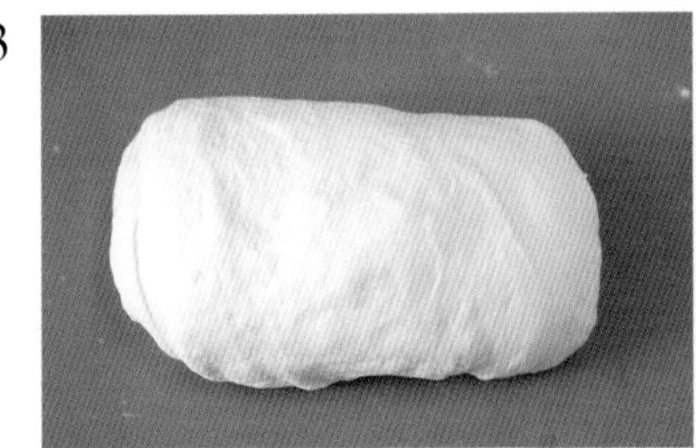

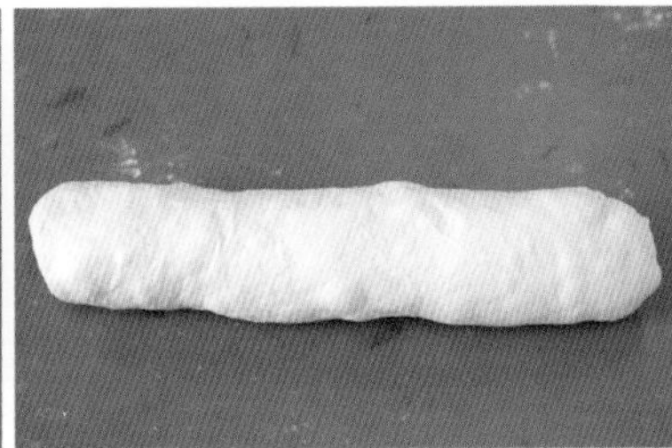

分割之后，再整理一下面团。左侧照片是巴塔面包及刀痕面包的面团，中间照片是法棍面包及麦穗面包的面团，右侧是球形面包的面团。静置30min。

05 成形 · 最终发酵

巴塔面包及刀痕面包

1 

用手掌拍打，压扁面团使其近长方形。

2 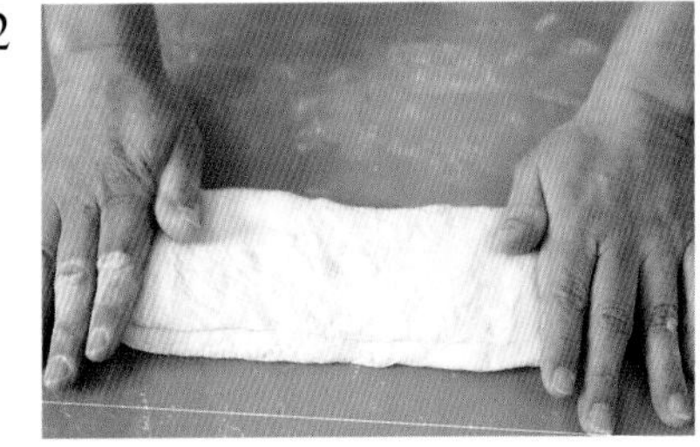

从前向后对折。

3 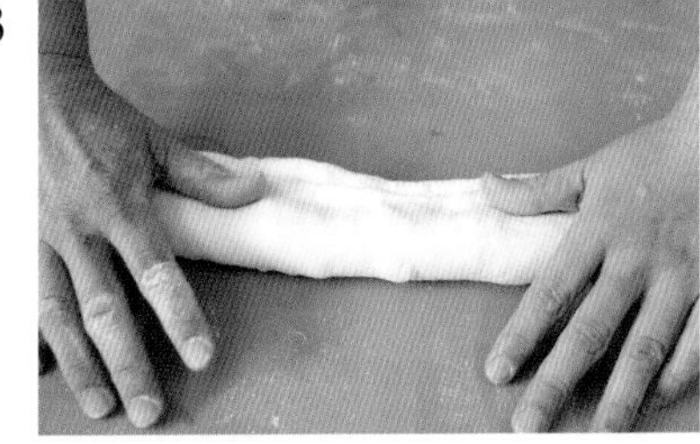

再对折一次。

4 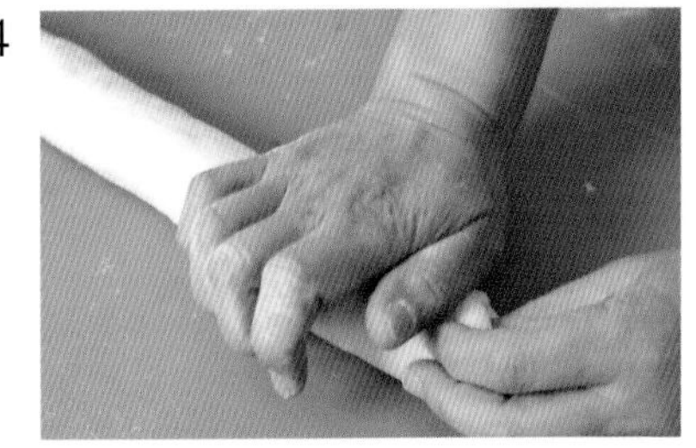

把面团揉成棒状。巴塔面包面团长42cm，刀痕面包比巴塔面包短。

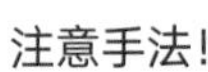

注意手法！

面团成形时，不要从上往下压着面团推，用手将面团表面包住，来回滚动揉搓，否则会将面团压扁。

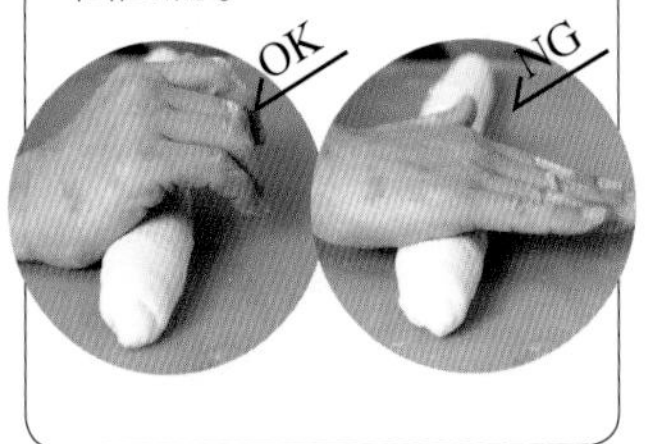

5 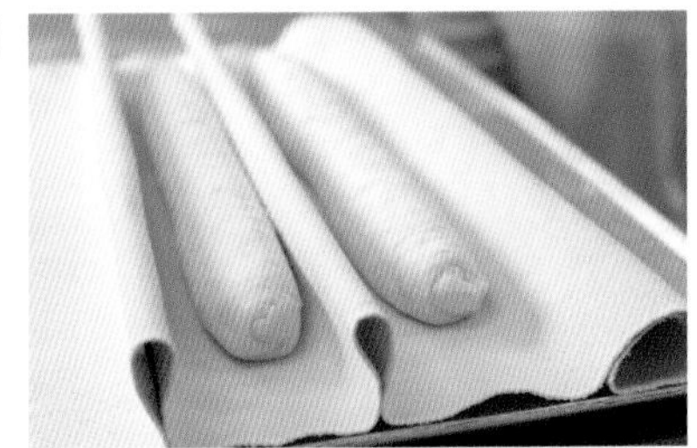

封口朝下放在发酵布上，在温度27℃、湿度75％条件下放置80min进行最终发酵。

球形面包

1

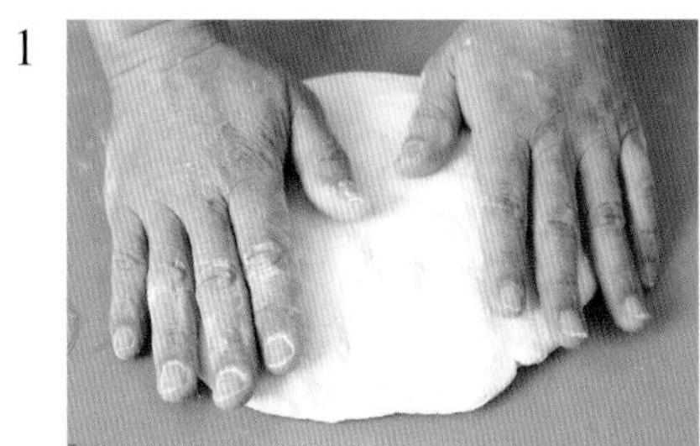

用手将面团压成圆饼状。

2

沿中心内对折，再对折。

3

将面团集中起来，在台上反复揉搓，形成球形面团。

4

将面团放入撒有强力粉（分量外）的发酵盆中，在与巴塔面包在相同的环境中进行最终发酵。

法棍面包及麦穗面包

1

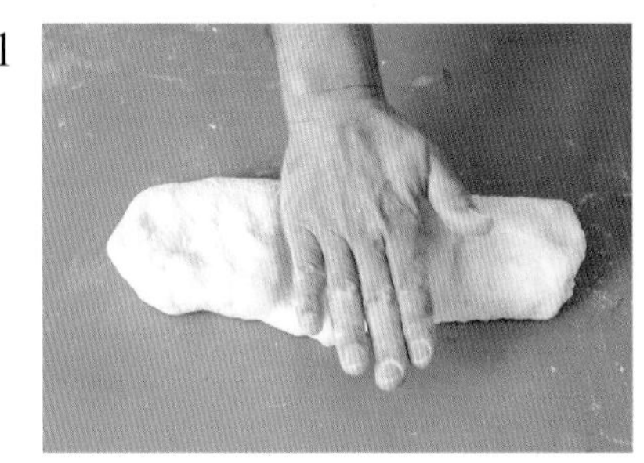

用手掌将面团横向伸展，使其成近长方形。

2

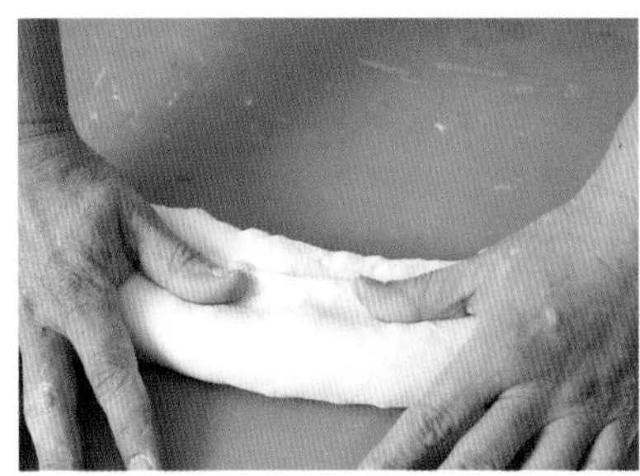

把面团沿长边对折。

3

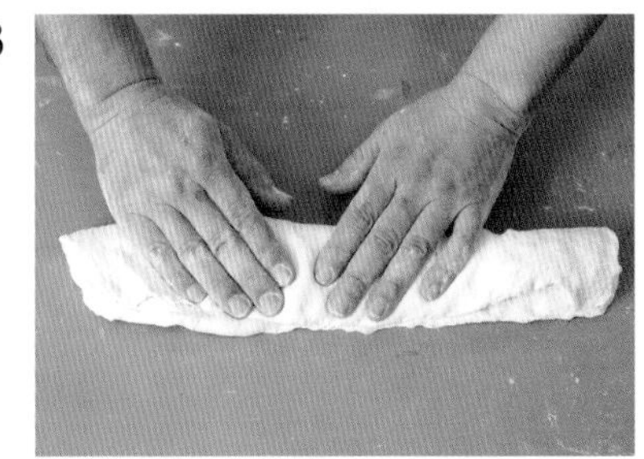

再对折。

4

将面团从头至尾来回揉搓，反复2次，形成棒状。

5

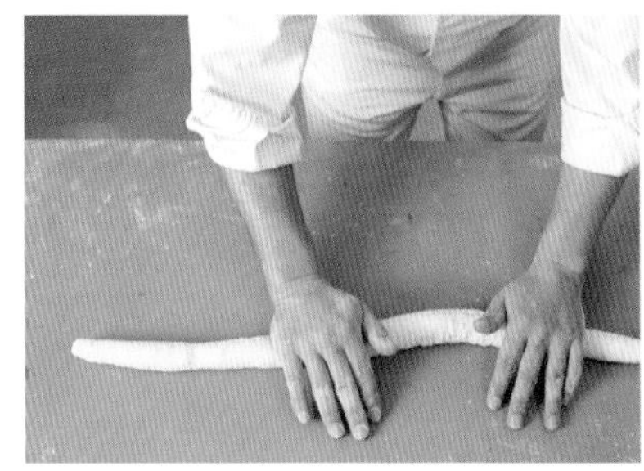

面团伸展至72cm。

6

将面团封闭口朝下放置在发酵布上，在与巴塔面包相同的环境中进行最终发酵。

06 放入烤箱烘烤

1 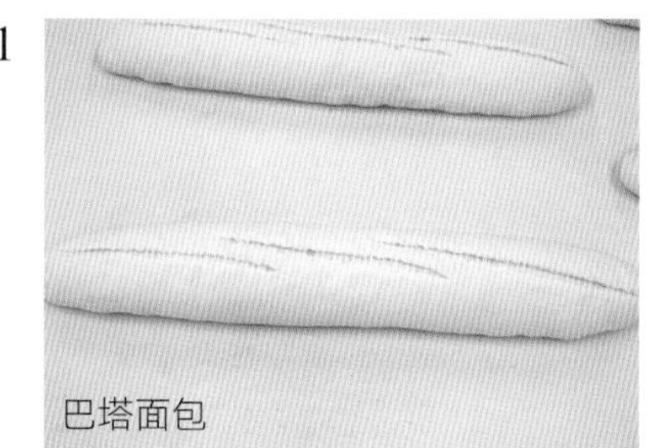
巴塔面包

划上3条割纹。

2 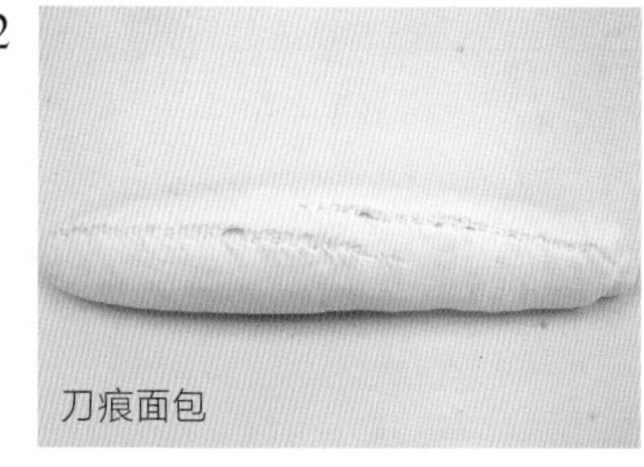
刀痕面包

划上2条割纹。

3 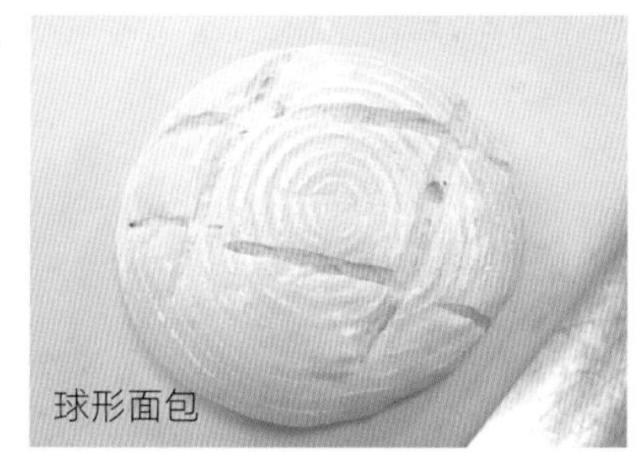
球形面包

将发酵盆倒扣至工作台上，取出面团，并划上4条割纹。

4 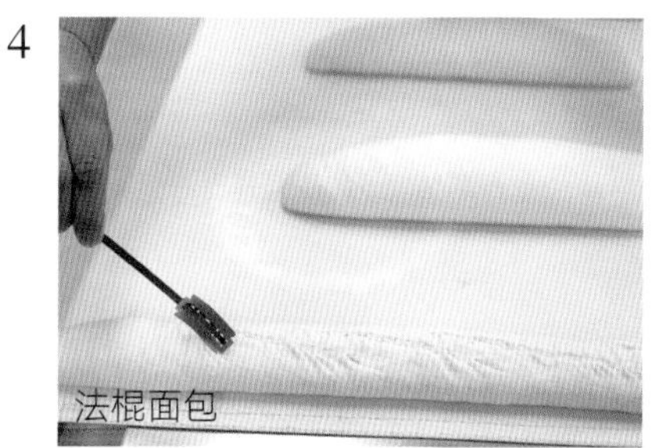
法棍面包

划上7条割纹。

5 
麦穗面包

将面团用剪刀左右斜剪成麦穗状。

6 烤箱预热至210℃，用灌好水的喷雾器向预热好的烤箱里喷雾。将面团放入烤箱，烤约30min（面包店大多使用带有蒸汽功能的烤箱。另外，烘烤的温度因烤箱而异）。

POINT

割纹刀的使用方法

将刀对着面团倾斜45°切开。斜着用刀很关键，这样烤出的面包才会漂亮。

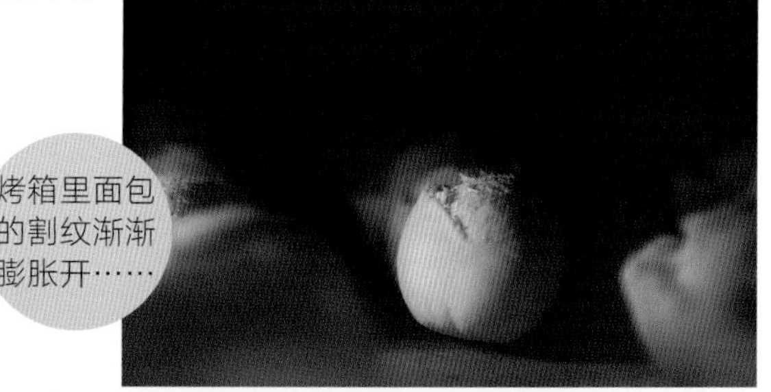
烤箱里面包的割纹渐渐膨胀开……

完成！

Part 3 将面包的美味发挥到极致

让面包变得更好吃的方法

只用面粉、面包酵母、水和盐制作的Lean型面包，

和加入砂糖和黄油等的Rich型面包吃法不同。

切法

面包切法不同，除了外形不同，口感也会有差异。

不同面包采用不同切法，才会更美味。

● 注意不要压碎面包

<可颂>

轻轻地将刀放在面包上，垂直缓慢切开，可以充分享受分层的口感。

<山形吐司>

将面包侧躺，垂直切片，可以避免面包的“山”坍塌，厚度也容易切割均匀。

● 注意气泡的方向

<法棍面包或巴塔面包>

从割纹处更易切开。

<法国、德国的小型面包>

水平切割会出现圆形的气泡面，口感会更脆。

<黑麦面包>

由于谷物会粘在刀片上，因此每次切割时要擦拭刀片，保持刀片干净。

加热方式

加热方式在很大程度上决定了面包的口感。

常用烤箱或者微波炉。

- 加热的时间应短一些

为了防止黄油和鸡蛋烧焦，将Rich型面包用锡纸包好，放入烤箱短时间加热。使用微波炉也可以，但容易过热，使口感变硬。

- 别忘了准备喷雾器

Lean型面包，先用喷雾器在面包表面喷一次水再加热，这样面包内部会变得湿润，面包皮会变脆。如果在没有提前预热的烤箱中加热，面包就容易变得干巴巴的，所以一定要提前预热烤箱。

- 在一些情况下可以使用微波炉

如果冷冻面包较大（未切割），请提前在微波炉中稍微加热，解冻，然后再用烤箱烤，这样可以缩短烘烤时间，防止烧焦。冷冻面包的大小应保证能放入烤箱，用喷雾器喷一次水，然后再放入烤箱中加热。

保存方法

不能立即吃完的面包需要冷冻保存。

冷冻后一个月内吃完。

- 你可以用保鲜膜

如果购买的面包当天吃不完，那就冷冻起来吧。小型的用保鲜膜一个一个包好，放入密封袋冷冻。可颂等面包容易掉层，不要用保鲜膜包裹，而是要将几个放入一个密封袋中冷冻。

- 两天以上建议冷冻存放

两天以内的存放方法：没有吃完的法棍面包等，要放在购买时的纸袋里。在纸袋外面包裹湿布子，防止干燥。另外，当面包完全冷却后，建议换用塑料袋，更能防止干燥。为了不接触空气，应将封口封上。

超过两天的存放方法：建议冷冻保存，方法和Rich型面包一样。黑麦面包放入通气性好的袋子里室温贮藏，2 ~ 3天不会破坏味道。超过3天的话，建议放入冰箱冷冻。吃的时候建议自然解冻。

有面包切刀很方便!

切大面包或者想让面包切面很平滑，推荐使用面包切刀。锯齿形的切刀，来回锯，一下子就可以将面包切开。另外，把刀用炉子等稍微加热后再切，更容易切开。应选择稍微有分量的切刀，其长度应比自己常吃的面包长，这样更易操作。

不管是Lean型还是Rich型面包，刚出炉时尚未完全定形，马上切片的话，非常易碎，建议冷却后再切。冷却的时间根据面包的大小和种类来定，如果是主食面包，建议冷却2h左右再切。

在一日三餐中享受面包

早中晚都有适合的面包和配套的吃法。
有时作为主角，有时作为配角，一起享受面包吧！

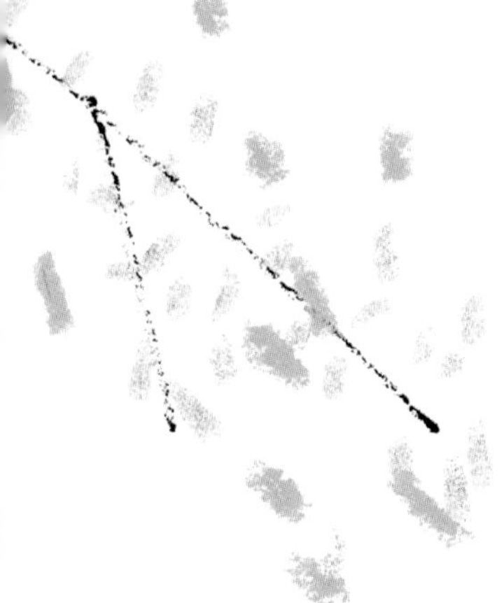

早餐

如果想简单地摄取营养，面包是非常适合的。
早上用面包来摄取大脑所必需的糖分吧。

刚睡醒的身体需要的是使大脑运转的葡萄糖。面包消化吸收快，能迅速将糖分输送到大脑，使其活跃。另外，同样含有糖分的水果早上吃也很好。方便的话，可以在面包上涂上果酱。另外，硬面包耐咀嚼有利于对大脑产生刺激。

没有时间准备早餐的人，试着利用前一天晚上的剩菜。在吐司上涂上咖喱或炖菜，或者用吐司拌上沙拉、炸鱼干、烤肉饼等，前一天的剩菜就会马上变成新的菜肴。

中餐

方便携带的面包非常适合做便当。
做成各种三明治吧。

午饭吃三明治的人也很多。在制作的时候，推荐比较不容易变形的面包。如果是羊角面包等容易变形的面包，请将其放入密封容器中。若选择使用黑麦粉和全麦粉制作的面包，富含食物纤维，很容易饱腹，而且还能补充矿物质等营养成分。食材要避免易碎或含水过多，蔬菜要滤干水分后再用于制作三明治。

另外，如果在吃晚饭之前肚子有点饿的话，可以吃甜面包。日本的甜面包种类非常丰富，可以在面包上撒上水果和涂上奶油。你也可以利用当季的食材制作三明治。

晚餐

根据晚餐的食材来选择面包。
选择不同的酒与面包搭配也很有乐趣。

晚饭时，主菜可以选择面包。一般来说，鱼类适合搭配法棍面包等温和的面包，猪肉、牛肉等肉类适合搭配黑麦面包等香气浓郁的面包。

在法棍面包片上放上生鱼片，撒上酱油，西式寿司就做好了，很适合作为款待客人的前菜。如果要配酒的话，日本酒比较合适。

另外，烤鳗鱼等甜辣口味搭配黑麦面包也是不错的选择。黑麦面包和红酒是绝配。如果不知道怎么搭配的话，可以把面包料理和所属国家或地区的酒搭配在一起。

简餐

下面介绍一种用面包做点心和下酒菜的方法。都是几分钟就能完成的简餐。

点心

即食面包巧克力

❶准备刀痕面包、细绳面包等小而精致的面包，根据自己喜欢的分量，切开。
❷放入适量巧克力片，烤几分钟。
❸巧克力融化后，点心就完成了。

金枪鱼塔塔

❶准备法棍面包，切成1cm左右的薄片，轻烤面包片。推荐气泡多、嚼劲小的面包。
❷将金枪鱼丁、葱花、橄榄油、香醋、酱油各取适量混合。
❸将混合好的食材放在烤好的面包片上。

面包伴侣

面包和食材的组合增加了面包的风味。
找到你最喜欢的组合。

黄油

面包最密切的伴侣，
你可以享受不同的风味。

［发酵黄油］

具有淡淡的酸味，浓郁的香气。近几年很受欢迎。发酵黄油也有无盐和有盐之分。在欧洲，无盐发酵黄油常常抹在法棍面包上，也适合搭配坚果和水果面包。

［无发酵黄油］

在日本，没有发酵的黄油味道较轻淡，与任何面包搭配都很好吃。用朗姆酒腌渍的葡萄干做成即食葡萄干黄油也很好吃。

［人造黄油］

使用植物性油脂制作而成。虽然味道不如天然黄油，但柔软易用，价格适中。近年来，有原味、鲜奶油味等多个种类，其中热量低的商品更受欢迎。

奶酪

香味和口感丰富的奶酪，
是面包的经典搭档。

［白霉奶酪］

以卡蒙贝尔奶酪（Camembert）为代表，这种奶酪表面被白霉菌覆盖，通过白霉菌的酶熟成。味道清淡，与薄切的法棍面包、乡村面包等非常契合，不习惯白霉气味的人，不妨切除霉质表皮后再搭配面包食用。

［蓝纹奶酪］

一种味道浓郁的奶酪，长有蓝色霉菌。因为它的香气强烈和盐味重，比较适合搭配黑麦面包、普通裸麦面包或掺有核桃、葡萄干等的裸麦面包。

［硬奶酪］

因为熟成时间长，味道浓郁，最著名的是荷兰高达干酪和瑞士艾蒙塔尔奶酪。薄薄一层，夹在面包里食用很美味，也可以和鲜奶油混合搭配。

［新鲜奶酪］

包括奶油奶酪、农夫奶酪、凝乳奶酪、鲜乳酪、马斯卡彭奶酪、意大利乳清奶酪等，质感柔软，很容易粘在面包上，与百吉饼和黑麦面包搭配是皇家经典组合。不同的新鲜奶酪香味和口感跨度很大，可搭配不同的面包。

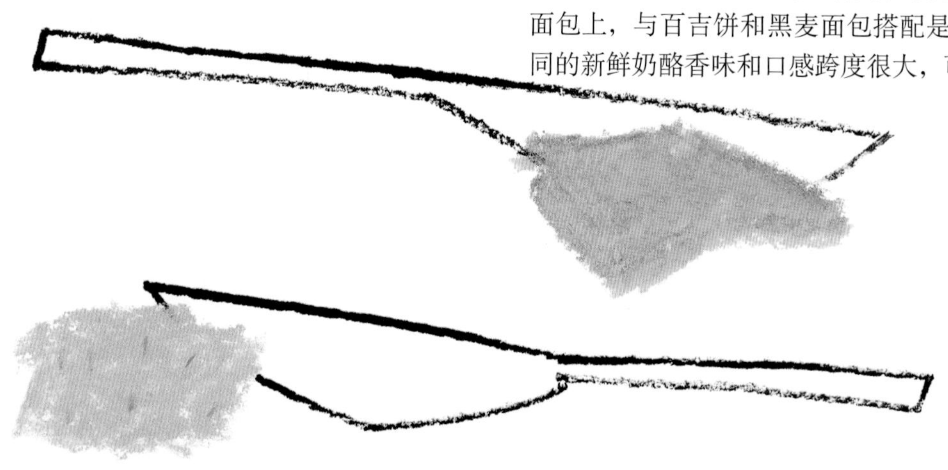

酱料

除了酸甜的果酱，以牛奶等为原料的蘸酱也很受欢迎。

[浆果果酱]

以蓝莓、葡萄、草莓等浆果制作的果酱，浆果果酱以酸甜口味为特征。推荐酸味的黑麦面包搭配酸甜的浆果果酱。

[柑橘酱]

用柑橘制作的果酱，和Rich型面包是绝配，还可以再配上黄油，黄油的咸味和柑橘酱独特的苦味、酸味很相配。

[牛奶酱]

用甜牛奶制作的果酱，像奶糖一样的味道。非常适合搭配坚果面包，坚果的香味会更加突出。

[奶油酱]

主要有巧克力奶油酱和花生奶油酱，推荐搭配含浆果的面包等。水果的酸味和浓郁的甜味是绝配。

蜂蜜

享受不同风味的蜂蜜，也推荐与芝士、果酱混合涂抹。

[洋槐蜂蜜]

在日本被称蜂蜜女王，颜色浅，甜而不腻，有洋槐特有的清香味，不易结晶，很适合搭配Lean型面包。另外，无论和什么样的奶酪混搭都不会发生冲突，面包会变得更好吃。

[薰衣草蜂蜜]

质地黏稠且有光泽，有薰衣草特有的香味，味道甜润适口并带有淡淡的酸味，易结晶，结晶后呈乳黄色的油脂状或细颗粒状。薰衣草蜂蜜在欧洲也很受欢迎，推荐搭配法棍面包等Lean型面包。

[三叶草蜂蜜]

从小小的白色三叶草花中采集的蜂蜜。颜色清淡和甜香浓烈是其典型特征。配上刚烤好的涂了黄油的吐司，就是人间美味！

[栗子蜂蜜]

颜色浓重，有苦味，并伴有浓郁的坚果香气，推荐与黑麦面包等搭配。可以再配上奶酪。

面包蘸酱的制作

猪肉酱

材料

猪五花肉……500g
胡萝卜……半根
洋葱……半个
大蒜……3瓣
色拉油……2大勺
A
- 汤块……1个
- 香草、盐、粗黑胡椒……各1小勺混合
- 白葡萄酒……200mL
- 水……500mL

做法

1 将猪五花肉切成一口能吃的大小，胡萝卜、洋葱切成2cm见方，大蒜对半切。

2 用不粘锅加热，待猪五花肉表面变成金黄色后取出备用。

3 高压锅中放入色拉油和大蒜，用火加热，香味出来后加入胡萝卜和洋葱翻炒。

4 加入[2]的猪五花肉和A，沸腾后撇去浮沫，盖上压力盖加热20min，将汤汁煮至剩1/3左右。

5 用漏勺捞出锅中的猪五花肉、胡萝卜、洋葱、大蒜，用食物料理机将其打成糊状，加入熬好的汤汁[4]，连盆放入冰水中冷却，时不时地搅拌均匀即可。

罗勒奶酪酱

材料（2人份）

奶油奶酪……18g
罗勒酱……2/3大勺
蛋黄酱……1大勺
奶酪粉……不到1大勺

做法

1 将奶油奶酪放入碗中在室温中软化后，用橡皮铲调成糊状。

2 在[1]的碗中加入罗勒酱、蛋黄酱、奶酪粉，搅拌均匀。

蓝纹奶酪酱

材料（2人份）

蓝纹奶酪……25g
酸奶……2大勺
蛋黄酱……1大勺
黑胡椒粒……适量

做法

1 在耐热盘中放入蓝纹奶酪，放入微波炉中加热至稍融化，然后搅拌均匀。

2 在[1]冷却后，放入酸奶、蛋黄酱搅拌均匀。

3 将[2]盛在容器中，撒上黑胡椒粒。

胡萝卜橙子酱

材料（2人份）

胡萝卜……1/2根
橙子……1/2个
A
- 色拉油……1大勺
- 白醋……1/2大勺
- 糖……适量

做法

1 胡萝卜切丝，橙子去皮（含内果皮）撕碎备用。

2 将[1]中的胡萝卜丝和A放入碗中，搅拌使其入味。去皮再放入碎橙子，混合均匀后放入冰箱冷藏1～2h。

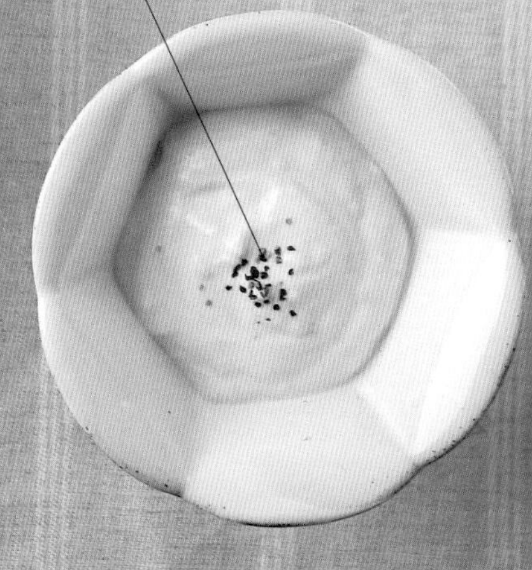

南瓜奶油酱

材料（2人份）

南瓜……70 g
奶油奶酪……18g
蜂蜜……1/2大勺
松子……5 g
牛奶……适量

做法

1 南瓜去籽去皮，切成5mm厚的片。奶油奶酪在室温条件下放置融化。
2 把1放在盘子里，用微波炉加热约150s，牙签扎一下变软后，放入食物料理机将其打成糊状。
3 南瓜冷却后，放入蜂蜜混合搅拌，再加入奶油奶酪、松子、牛奶，用橡皮铲混合。
4 盛入容器中，添加松子（分量外）。

清爽奶油酱

材料（2人份）

酸奶……100g
生奶油……50g
炼乳……1大勺

做法

1 将咖啡过滤器放入马克杯中，将酸奶放入咖啡过滤器中，放在冰箱中冷藏2h以上去除水分（约为一半）。
2 将奶油放入碗中，用冰水冷却，搅拌约8min。
3 将炼乳放入1的酸奶中混合，放入2碗中搅拌至丝滑状。

枫糖核桃马斯卡彭奶酪酱

材料（2人份）

酸奶……1大勺
核桃……20g
马斯卡彭奶酪……60g
枫糖浆……1大勺

做法

1 在马克杯中放上咖啡过滤器，将酸奶倒入咖啡过滤器中，在冰箱中放置2h以上，去除水分。用菜刀将平底锅轻炒过的核桃切碎备用。
2 将1的酸奶和马斯卡彭奶酪放入碗中，用橡皮铲搅拌均匀。
3 盛入容器，浇上枫糖浆，撒上炒好的核桃碎（分量外）。

芒果奶油奶酪酱

材料（2人份）

奶油奶酪……18g
芒果干……25g
酸奶……2大勺

做法

1 将奶油奶酪放入碗中，在室温中软化，之后用橡皮铲搅拌至糊状。
2 将芒果干切成5mm见方的小块，和酸奶混合后备用。
3 在1的碗里，加入2，用橡皮铲搅拌均匀。

面包的花式吃法

面包皮塔三明治

材料（2人份）

面包片……2片

培根……3片

莴苣……2片

南瓜奶油酱（P131）……适量

做法

1 把面包斜切成两半，再沿切口切一刀做成口袋的样子。

2 将培根对切，放入平底锅中炒至酥脆。用手把生菜撕成一口可食的大小。

3 用烤箱将面包片烤至金黄，然后往“口袋”里放入生菜、2的培根、南瓜奶油酱。

黑麦咖啡吐司块

材料（2人份）

黑麦吐司……100g
速溶咖啡……1/2大勺
热水……1大勺
牛奶……60mL
砂糖……2大勺
鸡蛋……1个
糖粉……适量

做法

1. 黑麦面包切去外皮，在将面包心切成1.5厘米见方的小块。
2. 将速溶咖啡倒入碗中，用热水融化，加入牛奶、砂糖、鸡蛋搅拌均匀，放入1中的黑麦面包，使其充分浸透。
3. 在烤箱里铺上锡纸，摆上2的黑麦面包，烤至表面酥脆。
4. 装盘，撒上糖粉。

法棍汤

材料（2人份）

法棍面包（切片）……1片
洋葱……1/6个
大蒜……3 ~ 4瓣
橄榄油……3大勺
猪肉馅……50g
辣椒粉……1小勺
水……600mL
高汤块……1个
盐、黑胡椒粉……各适量
鸡蛋……1个

做法

1 将法棍面包和洋葱切成1cm见方的小块，大蒜切成薄片。
2 锅中放入橄榄油，中火将1中的大蒜炒至金黄。
3 加入猪肉、洋葱、1中的法棍面包，猪肉变色后撒上辣椒粉翻炒，加入水和高汤块大火煮开。转小火煮10min左右，加入盐和黑胡椒粉调味。
4 倒入鸡蛋，搅拌。

鸡肉黑麦三明治

材料（2人份）

黑麦面包（1cm厚切片）……2片
日本水菜……适量
洋葱……适量
豆苗菜……适量
蛋黄酱……适量
烤熟的鸡肉串……4串

做法

1 将黑麦面包片在烤箱中稍微烤一下。
2 日本水菜切成2cm的段，洋葱切成丝，豆苗菜去根。
3 在黑麦面包上抹上薄薄一层蛋黄酱。铺上日本水菜，将烤熟的鸡肉串从签子上取下来放在日本水菜上，再放上洋葱、豆苗菜作装饰。

烤棉花糖香蕉三明治

材料（2人份）

蓝莓面包……2片
香蕉……1/4根
棉花糖……10个
肉桂粉……适量

做法

1 蓝莓面包切片至2cm厚，香蕉切片至5mm厚。
2 在面包上放上棉花糖，用烤箱烤至棉花糖焦黄。
3 将步骤2中的放有棉花糖的面包放置于盘中，在上面放上香蕉，根据个人喜好撒适量肉桂粉。

可颂拌草莓

材料（2人份）

可颂……1个
草莓……6个
清爽奶油酱（P131）……适量
薄荷叶……适量

做法

1 将可颂切成一口可食的大小，每个草莓切成4瓣。
2 将可颂、草莓、清爽奶油酱放在容器中，根据个人喜好添加适量薄荷叶点缀。

面包和饮品的搭配

能根据不同面包搭配不同饮品是面包美食高手。

有时随意的搭配也会有新的发现。

酒

酒和面包都是发酵食品，所以两者兼容性很好，

搭配在一起味道会更好。

[烧酒]

当说到烧酒和面包时，人们认为是一个意想不到的组合，但实际上它与面包很相配。 如麦烧酒与黑麦面包、米烧酒与米粉面包、芋烧酒与红薯面包等，将使用同种原料的酒和面包搭在一起，非常出彩。

特别推荐烧酒与黑麦粉或全麦粉制作的面包搭配。德国面包和芬兰面包中黑麦面包较多。

[啤酒]

用小麦做的啤酒，与全麦面包和黑麦面包都很配。在德国，面包和啤酒是固定搭配。黑啤的浓厚风味非常适合搭配巧克力面包。

除了碱水面包，我们还推荐圣魂面包、混合面包。

[日本清酒]

事实上，日本清酒也非常适合搭配面包。用酒种制作的豆沙面包，因为与日本清酒均使用了酒种，所以特别合拍。日本清酒与Lean型面包搭配不会干扰清酒的清爽口感。

[红葡萄酒]

浓郁的红葡萄酒适合搭配混合面包等分量重的面包。红葡萄酒与嚼劲十足的黑麦面包的酸味和香气很搭。此外，还推荐搭配加入坚果和干果的黑麦面包。清爽的红葡萄酒与Lean型面包搭配，你可以享受清爽的口感。

[白葡萄酒]

白葡萄酒适合与法棍面包等温和的面包搭配，可以随意选择配菜，特别推荐搭配腌鱼等。另外，白葡萄酒也非常适合搭配葡萄干面包，与黑麦面包的搭配是皇家必备。法国面包和法国白葡萄酒最配，讲究的人搭配时，甚至连发酵种都要精心挑选，这是一件很有趣的事情。

[香槟]

甜味香槟适合搭配水果面包，如史多伦面包、科伦巴。另外，用新鲜水果作为餐前小食也是不错的选择。辣味香槟搭配布里欧修、丹麦面包等Rich型面包，能减少面包的油腻感，吃起来更清爽。

咖啡

说到早餐和下午茶的经典组合，那就是面包和咖啡。
咖啡豆因酸味和苦味不同，拥有不同的口感。
让我们来了解一下咖啡和面包的搭配吧。
酸味咖啡搭配酸味面包，甜味咖啡搭配甜味面包，相得益彰。

咖啡的特征	咖啡的种类	适合搭配的面包
酸味重	乞力马扎罗咖啡 哥伦比亚咖啡 夏威夷科纳咖啡	含浆果和奶油干酪的丹麦酥、可颂、松饼、甜甜圈、肉桂卷
味道浓	巴西咖啡 曼德林咖啡 越南咖啡	坚果黑麦面包、黑森林面包、史多伦、科伦巴、潘妮朵尼
酸味和浓郁达到平衡	蓝山咖啡 危地马拉咖啡 摩卡马塔里咖啡	Rich型面包如布里欧修、潘多洛、巧克力螺旋面包、法式咸派（Quiche）、黄油砂糖面包干、法式牛奶面包等

红茶与奶茶

红茶的风味多变，是英国经典下午茶必备。
香气浓郁的红茶非常适合搭配果香浓郁的面包，或者夹有烟熏肉的面包。
奶茶建议搭配牛奶面包或丹麦酥。

种　类	特　征	适合搭配的面包
阿萨姆红茶	产自印度北部，颜色很浓，味道也很好，用其做成的奶茶也很好喝	果酱面包、奶油面包等
大吉岭红茶	产自印度北部，有类似麝香葡萄的香气	浆果面包、奶油干酪面包、菠萝包
锡兰红茶	产自斯里兰卡东南部，钠含量低，对于有高血压、需要摄取少量钠的人来说，是理想的饮品	蔬菜三明治、黑麦面包
伯爵红茶	一种香气浓郁的调和茶，以红茶为茶基，用柑橘芳香油调和而成的，具有特殊香气和口感	碱水面包、法棍面包、方形吐司
英式奶茶	英式奶茶起源于香港，后传至英国，成为英国皇室贵族的专供饮品，醇厚的味道与丹麦面包非常搭	丹麦酥、巧克力可颂
马萨拉茶	阿萨姆红茶中加入肉桂、姜汁等数种香料，用其煮出的奶茶被称为马萨拉茶，是一款印度的经典饮品	咖喱面包、香料面包、馕

面包周边带来的快乐

拥有这些面包周边，会让热爱烘焙的你更加开心。

黄油碟

将黄油放入这种碟子里，给餐桌增添了美感。瓷器制的黄油碟容易清洗。/E

黄油罐

把黄油紧紧塞进容器里，加上少许水来保持黄油的新鲜度。

黄油刮刀

用于刮凝固的黄油表面，形成带有条纹的黄油卷。/D

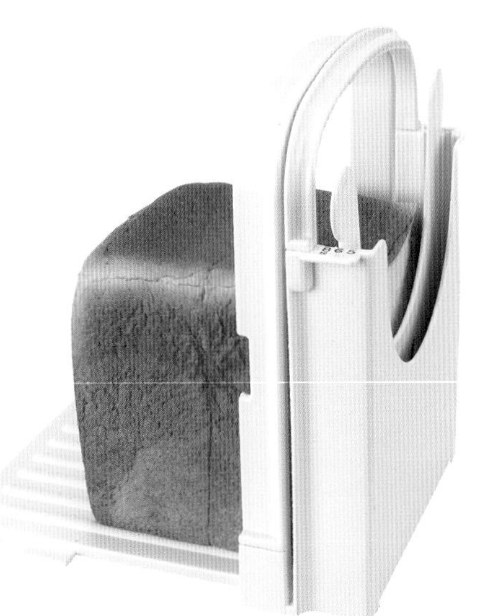

吐司切片器

可将面包切成均匀厚度。推荐家庭制作面包使用。/C

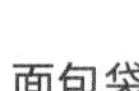

面包袋

可以携带刚烤好的面包，如果是100％纯棉的帆布质地，面包不会受潮，脏了的话可以直接清洗。/D

托特面包袋

非常适合装长的面包。即使是法棍面包，也可以轻松放入。/F

面包切割板

用于面包的切割，面包屑会掉进凹槽里。切好的面包放在切割板上，作为盘子使用也很合适。/E

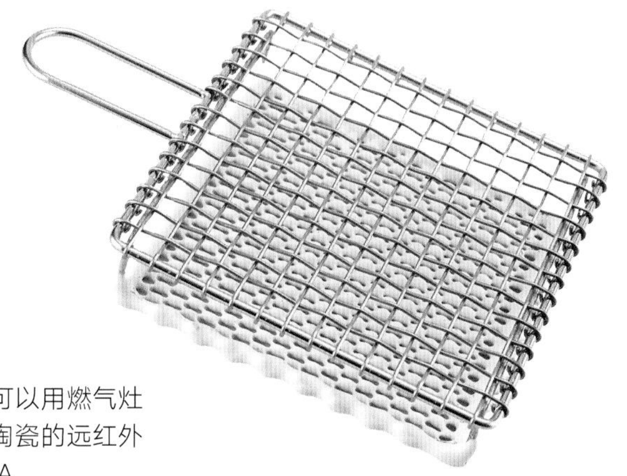

面包烤网

其大小可放置方形吐司。可以用燃气灶火烤面包。底部的陶瓷盘利用陶瓷的远红外线效应，将热传递到面包上。/A

面包保温篮

若面包在烤箱中加热后，将其放入面包保温篮里，面包不易变凉。/B

面包的历史

面包的起源

• 公元前8000年至公元前6000年　美索不达米亚

在公元前8000左右，人类第一次种植小麦，种植地是被称为“肥沃新月地带”的美索不达米亚文明发祥地。

公元前6000年左右，人们将小麦碾碎成小麦粉随后加入水，烤制成像薄饼（Galettes）一样的食物，这是未发酵面包的雏形。

• 公元前3200至公元前2000年　古埃及

这时面包传到了古埃及。在制作面包的过程中，有人将放置了一夜的无发酵面团，偶然沾上了野生酵母，面团膨胀起来，烤出来的面包非常好吃，这就是发酵面包的诞生。人们欣喜地认为这是“神的馈赠”。

• 公元前735年至5世纪　古罗马

面包的制作方法从古埃及传到了古罗马。随着罗马帝国的繁荣，面包文化也传播开来，罗马市内有254家面包店。面包师成立了工会，还出现了面包学校和国营面包工厂，面包师的地位提高了。另外，技术的进步促进了面包的大量生产。

在罗马的庞贝遗址中，发现了碾碎大麦的臼和烤面包的窑，至今仍保留着。

欧洲的面包

• 5 ~ 12世纪

随着罗马帝国的灭亡，面包也随着基督教传遍了整个欧洲，教会和修道院也传承了制作面包的技艺。据说在12世纪左右，食用面包的颜色表示社会阶级，富裕阶层享用过筛的小麦粉做成的“白面包”，一般人吃未过筛的小麦粉做成的“黑面包”。

• 14 ~ 17世纪

14 ~ 16世纪正值意大利文艺复兴时期，面包技术有了很大的飞跃。16世纪，法国王室与意大利的美第奇家族联姻，意大利面包师来到法国。

到了17世纪，精致的法国面包诞生了。据说当时玛丽·安托瓦内特从奥地利嫁至法国，为了随时吃到羊角面包，就把奥地利面包师傅也带到法国宫廷，于是羊角面包在法国流行了起来。

面包起源于公元前6000年左右，历史源远流长。
面包与人们的生活密切相关，在世界广泛传播。
我们来看看面包从古至今的发展。

美国的面包

欧洲各国居民大量移民至美国，并带入了各自不同的“面包文化”。经过长年累月的改良与融合，逐渐形成了如今的美国面包文化。据说1493年哥伦布在美洲发现了玉米，然后逐渐与欧洲的面包文化相融合，形成了玉米面包，直到现在美国人都很喜欢。

中国的面包

中国自古以来就多使用蒸的烹饪方法，小麦传入中国后，人们将发酵后的面团蒸熟食用，后来逐渐形成馒头、花卷等。

日本的面包

- 约公元前200年　弥生时代

大约在公元前200年，小麦从中国传入日本。当时人们将面粉和水混合，多采用类似煎饼的做法。806年从中国传来了馒头，在日本作为蒸面包食用。

- 16～17世纪　战国时代至江户时代

到了16世纪，发酵面包与基督教一起从葡萄牙传入日本。到了江户时代，日本颁布了锁国令，面包也被禁止生产了。再次重见天日是在江户时代末期。当时日本人给英国士兵制作了类似甜甜圈形状的干面包，士兵们将其挂在腰间作干粮。这为面包日后在日本流行打下了基础。

- 1860年代　横滨开港

日本真正开始制作西洋面包，是以横滨开港为契机。日本出现了第一家面包店，开始面向西方人销售英国面包和法国面包，从这个时候开始，人们开始研究适合日本人口味的面包。那时开发出的豆沙面包大受欢迎，特别是献给明治天皇的“樱花豆沙面包”，至今深受人们喜爱。

- 第二次世界大战后

二战后，大量面粉从美国运至日本。学校午餐开始分发了餐包（一种纺锤形面包）。之后，大规模生产的面包厂相继投产，面包产业迅速在日本发展，面包也成了仅次于大米的主食。

从那时起，日本研究出了糖果面包和蔬菜面包，并引进了法国面包、德国面包和美国面包，现在世界各地的面包都能在日本买到。

[专栏]

About Bread

欧洲的黑麦面包

黑麦面包在日本还很陌生，但在欧洲却十分流行，甚至有很多专卖店。

人们一进入店内，就能闻到小麦混合面包的香气。五颜六色的开放式三明治琳琅满目，吊足了人们的胃口。开放式三明治多为手掌大小，人们一般会多买几个口味。

黑麦面包具有独特的酸味和嚼劲，营养丰富又耐饿，无论作为早餐还是加餐，都是不错的选择。在德国和奥地利等地，用黑麦面包制作开放式三明治也很受欢迎。

在奥地利维也纳一家有名的面包店，使用黑麦面包做成的三明治很受欢迎，面包只有小麦混合面包（Weizenmischbrot）一种，展示柜里有开放三明治，上面有五颜六色的配料。配菜一般是将鸡蛋、金枪鱼、培根等打成的糊。每一个配菜的味道都与小麦混合面包的风味和口感相匹配。这家店生意很好，三明治很早就一售而空。

世界面包图鉴
Knowledge of Bread

面包制作术语

在享受面包的过程中，先了解其制作方法，才能了解其中的奥妙。术语按拼音顺序排序。

Lean型面包 是指以面粉、酵母、水、盐为基本材料制成的面包，几乎不含糖、油脂、鸡蛋、乳制品等辅料，口味简单。典型代表有法棍面包等。

Rich型面包 是指以面粉、酵母、水、盐为基本材料，并用大量砂糖、油脂、鸡蛋、乳制品等辅料制成的面包。典型代表有可颂、布里欧修等。

初种 又称为原种，由酵母、乳酸菌等增殖而成，来自酸种制作的第一阶段。

第一次发酵 即面团分割之前的发酵。在发酵过程中，产生二氧化碳，二氧化碳被麸质网状结构锁住，从而使面团膨胀。此外，第一次发酵通过酵母和乳酸菌产生香气和风味，是决定面包好坏的重要工序。一般发酵的环境条件是温度为27℃，湿度为75%。

店内面包坊（In-Store Bakery / Oven Fresh Bakery） 指在店内完成面包制作的面包店，超市里常见到这种面包店。有的面包店从面团制作到烘烤的面包制作全程均在店内进行，也有的面包店使用从工厂运来的冷冻面团，只在店内进行面团烘烤的工序。在店内面包坊你可以买到新鲜出炉的面包。

发酵法 使用一部分材料制成发酵种，然后与剩下的材料混合制成面团的面包制法，中种法、酸种法等属于发酵法。与没有制作种子工序的直接法相比，制作发酵种需要花费更多的时间。

发酵篮 主要指的是用藤条编制而成的篮子，用于面包面团的发酵，它有各种各样的形状，如圆形、椭圆形等，还有不同尺寸，面团放入其中可以将其作模具，篮子的花纹还会印在面包上。有的发酵篮内侧贴有发酵布。

麸质 又称面筋，是存在于小麦、大麦和黑麦中的麦醇溶蛋白和麦谷蛋白的混合物。它具有弹性和黏性，会给面包带来耐嚼的口感。另外，根据面粉中蛋白质含量不同，从多到少依次为强力粉、准强力粉、中力粉、薄力粉。

割纹 是指面包表面用刀割出的纹路，通常在面团放入烤箱之前割。割纹除了能让面包的外观造型更美观之外，还能使得面包保持完整的形状。烘烤时，面团内部转化为蒸气的水分及发酵时产生的二氧化碳，在加热后会迫不及待从面团中跑出来，割纹可以使面团排出这气体，让面团内部压力顺利释放。

隔夜法 也叫冷藏中种法或隔夜中种法，先制作中种，并在冰箱中冷藏过夜，低温发酵可以延缓中种的发酵。面包师傅可下班前混合好面团，放入冰箱发酵，第二天烘烤。与普通中种方法相比，面包发酵产生的香气和风味更温和。但隔夜法容易产生酸味。为了使其经受约10h的发酵，需要调节温度、水和酵母的量等。这种方法稳定性不是很高，近来在日本很少使用。

烘烤 即把面团放进烤箱里烤，让生面团变成可以食用状态，可以说是面包制作中最重要的工序。在烘烤过程中，会有面团体积增大、面包皮形成及着色等变化。

酒种法 是日本传统的面包制作方法。酒种是日本酿酒的发酵种，是用蒸好的粳米加入酒曲，与空气中的酵母和乳酸菌同时发酵产生的酒种。木村屋总店首次将酒种应用于面包制作。用这种方法制作出的面包皮薄且柔软，老化速度慢。

老面法 将事先做好的、充分发酵的面团作为发酵种，用其制作面包的方法。用此法做出的面包有独特的酸味。

鲁邦种 利用谷物表面和空气中含有的天然酵母菌，在一定的时间和温度下，用糖分作为营养来源，密封发酵得出的发酵种。使用鲁邦种制作而成的面包称为鲁邦面包。

面包发酵箱 一种可以控制温度和湿度，用于面包发酵的机器。

一般内部控制温度为38℃，湿度85%，可以根据实际情况进行调整。

面包酵母 面包酵母的生产是以糖类为原料，将酵母菌通风发酵培养后，经过分离、洗涤、压榨等制得。含水量71%～73%的酵母为鲜酵母，鲜酵母经过造粒、干燥制得含水量7%～8.5%酵母为干酵母。鲜酵母发酵能力强，但保质期短。面包酵母可在面团中发酵糖类，产生二氧化碳和醇类、酯类等香气成分，使得面包膨胀，同时使面包更具风味。可以说面包的口感、香气、风味都离不开它。

面包老化 即随着时间的流逝，面包变硬，变干，风味逐渐变差的现象。这是由糊化的淀粉老化引起的。一般来说，含有大量油脂、砂糖、鸡蛋等的面包老化慢，此外，用中种法制作的面包老化也较慢。面包在5℃左右的条件下会急剧老化，由此可知，把面包放在冰箱中冷藏是不对的！另外，延缓面包老化的添加剂叫做抗老化剂。

面包模具 指的是帮助面包面团成形的模具。不同面包使用不同的模具，有吐司模具、古格霍夫面包模具、圆形模具等。

面包皮 即面包的外皮。刚烤出来的时候又干又脆，经过一段时间后，面包皮吸收了水分就会变软。另外，面包如果不进行包装，长时间放置会变硬。

面包心 即面包的内瓤。好吃的面包心，刚烤出来的时候有的很湿润、口感很软糯，有的松脆、有嚼劲。气体的进入方式不同，产生的气孔就会不同，随之面包瓤的口感也会发生变化。

面粉吸水率 是指面粉揉制成软硬合适的面团所需加水量占面粉的比例，用百分率表示。因面粉的质量、其他材料的用量、揉面的面团温度不同，吸水率也有很大差异。适宜的吸水率在面包制作中很重要，能否准确判断需要经验。

面糊 比普通面团的质地黏稠，水分多，流动性高。即使采用直接法，也要先使用一部分面粉先制作成面糊，之后加入的面粉才能顺利混合。

面团混合不足 手工烹饪很容易出现的一种情况，因面团混合搅拌不足，面团的麸质未能充分形成，因此面包不易膨胀。

面团混合过度 面粉和水充分搅拌、混合之后，就会产生麸质网状结构。但若混合过度，会使得麸

质网状结构断裂，面团的弹性就会降低。不过多发生在机器揉面时，用手捏制的面团几乎不用担心混合过度。

排气 在发酵过程中，将面团折叠，从上向下按压等方法排气可以提高面团的弹性；可以使面团中的大气泡分散成小气泡，从而调整面团的质地；还可以去除产生的二氧化碳和酒精，并吸收新鲜的氧气来激活面团中的酵母，促进面团的发酵。应根据不同面包对面团要求，来调整排气强度。

气孔 即面包的气泡结构。根据面包种类的不同，气孔的大小、形状、分布状态等也不同。

揉面 指将制作面包所需的材料混合，揉成面团的过程。另外，在揉面过程中，面团吸入空气，产生气泡结构，这是决定面团性质的重要工序。采用直接法，面团发酵时间长的话，揉面时间应短一些；相反，像中种法和缩时法那样，面团发酵时间短的话，就多揉一会儿。

揉面温度 即和好的面团温度，标准温度为27～28℃，应把温度计插在面团上测量。因为揉面温度会对发酵产生很大影响，所以因面包的种类和制作方法不同，需根据室温和水温来调整，要调整到酵母适合的活动温度。

烧减率 指面包面团中的水分因烘烤而蒸发的比率。用于判断面包烘烤程度，根据面包的种类不同，烧减率理想值有差异，如方形吐司是10%～11%。将烤好的面团放入烤箱中烘烤，在烘烤过程中，会发生挥发性物质的逸散和水分的蒸发，应将烧减率与烘烤色泽的判断结合，才能科学地判断面包的烘焙状态。

手粉 面包面团整形时，事先撒在工作台上、手上或擀面杖上防粘的面粉。使用过多的话面团质地会变硬，需要注意。

酸种法 是一种利用自然界的天然酵母和乳酸菌制作酸种，并用其制作面包的方法。酸种因乳酸菌活性高，具有酸味和独特的风味。德国面包的酸味就是因为采用了这种制作方法。

缩时法 为了缩短面包的制作时间，面包酵母的量增加了1.5～2倍，将揉面温度调高，使用搅拌机最大限度地搅拌。与直接法相比，制作出的面包口感更细腻柔软，但因发酵时间少，发酵产生的风味和香味就差了。

现场烘焙面包店（Scratch Bakery） 让消费者看得到面包制作现场，涵盖从面团制作到烘烤的全过程。

液种法 液种法的历史悠久，以液体为基底，制成浓稠膏状的液体发酵种，并用其制作面包的方法。液种制作比较简单，做出的面包松软，发酵的香味和风味更浓郁，而且可以用其制作各种面包，特别是Lean型面包。液种法来源于波兰，是法棍面包等法国面包的主流制作方法。主要有波兰种法和阿多米法（Adomi）。波兰种法，即等量的面粉和水混合，加入少量酵母拌匀，制成面粉液种，之后再混合剩下的材料。发好的波兰酵头呈海绵体状，比较湿润无法成团，因而又叫液种。阿多米法来自美国，可以弥补波兰种法短时间发酵的一些缺点，这种方法使用了脱脂奶粉，因此风味和香气会更胜一筹。

一站式面包店 指的是制造和销售在同一店内进行的面包店。

整形 即在工作台上，将面团调整到最终形状。采用的整形手法不同，面团的质地会产生很大差异，是制作面包的重要步骤。分为手工整形和机械整形。

直接法 一次性混合所有材料的面包制作方法。这是最基本的制作方法，家庭制作面包几乎都使用这种方法。工序是：混合→第一次发酵→分割·揉圆→成形→最终发酵→烘烤。缺点是面团的发酵状况很难调整，材料的品质和配比的微小偏差都会影响产品，而且面包老化快。优点是原材料的特点很容易体现在面包上，而且面包有弹性，口感也很好。

直接烘烤 不使用模具，将面团直接放在烤盘上进行烘烤。以这种方式做出的面包称为“直烤面包”或“炉面包”。

中间发酵 即经过分割、揉圆的面团，在一定温度及湿度条件下将其静置一段时间以使面团发酵的工序。揉圆后的面团，由于麸质相互缠绕，难以延展，休息是为了使面团更容易拉伸、成形。最好在与第一次发酵相同的温度和湿度下进行。如果中间发酵时间不足，面团不易拉伸，容易断裂。根据面团制作方法的不同，中间发酵时间也不同，一般来说中种法15～20min，直接法20～25min，其中用直接法制作法国面包以30min为宜。

中种法 又称二次发酵法。使用小麦粉、面包酵母、水作为材料制成发酵种（即中种），并用其制作面包的方法。中种制作需发酵4h左右，使用的面粉一般是全部面粉量的70%。与直接法相比，虽然比较费时，但做出来的面包口感更柔软。另外，由于老化速度慢，是大型面包工厂的主流制作方法。工序是：中种混合→中种发酵→面团混合→短时间发酵→分割·揉圆→再加工→整形→最终发酵→烧烤。

最终发酵 面包成形后，烘烤前要进行的发酵工序，是为了使因整形而变硬的面团变得柔软且足够膨胀。高温多湿的环境是必要条件，一般温度为38℃，湿度为85%～90%。当制作法国面包、丹麦面包时，一般温度为27℃，湿度为75%。

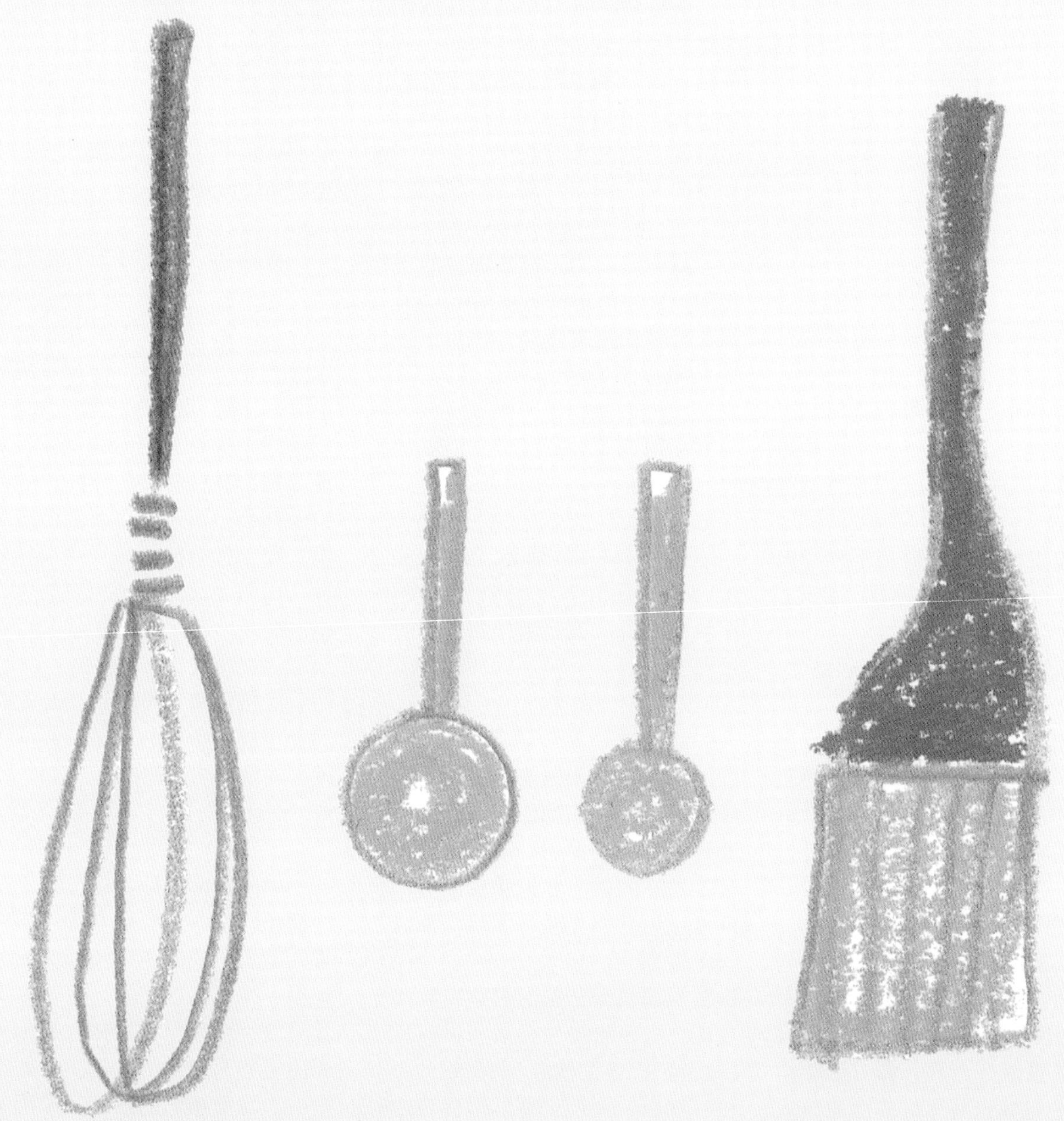

面包中文名称索引

商店列表

a 安徒生（アンデルセン）

这是日本第一家销售丹麦面包的面包店。店家以丹麦童话为灵感，提出以丰富的面包生活为主题。这里汇集了源自欧洲的正宗面包。

b 意大利代官山（イータリー代官山）

发源于意大利都灵，是日本最大的意大利食材店。店里可以品尝到生火腿和奶酪帕尼尼。2016年12月，意大利代官山闭店。

c 国际纪国屋（紀ノ国屋インターナショナル）

汇集了世界各地学习过面包制作的师傅，面包种类丰富。重视地道的口味，百吃不厌是其魅力所在。

d 木村屋总店（木村屋總本店）

明治2年成立以来，这家老字号面包店设计了酒种面包、果酱面包等符合日本人口味的面包。总店设立在东京银座。使用酒种制成的质地柔软的点心面包特别受欢迎。

e Green Bakery（グリューネ ベカライ）

这家店用费时费力的瑞士面包做法制作面包，不使用添加剂即可烤出口感柔和的面包。

f Tanne（タンネ）

专门销售德国面包的面包店。店里摆放的面包都是由德国师傅亲手制作的。能享受到德国面包传统制作方法做出的面包，味道很考究。季节性原创商品和德国奶酪一起摆在橱窗里。

g Tucano（トゥッカーノ）

这是一家巴西餐厅，可以品尝到地道的巴西美食。其中，奶酪小面包（Pao De Queijo）在店里现场烘烤而成。另外，各种各样的巴西烤肉也很受欢迎。

h 土耳其科尼亚餐厅（トルコレストランコンヤ）

餐厅提供由土耳其厨师制作地道的土耳其美食。土耳其白面包和土式披萨是新鲜出炉的，其中放有各种食材的土式披萨非常值得品尝。

工具、材料合作（P86-99）

CUOCA

马岛屋点心道具店

日本尼达株式会社

商品协助（P140-141）

A Kannami Tsuji

B Karuizawa Forest

C CUOCA（クオカ）

D 自由之丘翼（自由が丘ウイング）

E STUDIO M'

F TORSO

刊登的信息是2011年4月1日统计的内容。现如今的商店或商品的内容可能变化。

i DONQ（ドンク）

明治38年在神户成立。现如今是第三代继承人，以“做正宗的法式面包”为宗旨，日本各地分店均可品尝到高水平面包师制作的面包。

j 包子铺（パオパオ）

这是一家位于东京仲见世商店街内的包子铺。陈列柜里摆满了各种包子。购买时可以让销售员现场加热。

k 林德咖啡馆（ベッカライカフェ・リンデ）

总店位于吉祥寺，是一家德国面包专卖店。面包种类繁多是其魅力所在。季节限定商品也很受欢迎。也可以在网上购买。

l 姆明面包店＆咖啡店（ムーミンベーカリー＆カフェ）

店里摆放着芬兰面包和姆明童话主题面包。还设有咖啡厅，可以品尝到面包和时令菜肴。便携商品也很丰富。

m 孟买（ムンバイ）

这是一家在日本东京、埼玉拥有多家店铺的正宗印度餐厅。有丰富多样的咖喱、烤鸡、蔬菜和印度烧饼搭配。饭后，推荐拉西、马萨拉茶等饮料。

n Morgen Becalai（モルゲンベカライ）

位于武藏野台车站附近，面包店采用木制装修，显得很温暖，主要销售以瑞士为主的欧洲面包。老板在瑞士学习了面包制作，味道独特。

o Rogovski银座店（ロシア料理 渋谷ロゴスキー 銀座本店）

昭和26年成立，是日本最早的俄罗斯料理餐厅。俄罗斯著名的皮罗什基和黑面包可以外带，还可以享受到甜菜汤等俄罗斯传统风味。

p 罗米娜（ロミーナ）

是一家南美洲餐厅，能享用各种各样墨西哥、秘鲁等地美食。推荐配有墨西哥酱的玉米饼或烤肉。

图书在版编目（CIP）数据

世界面包图鉴 / （日）井上好文编著；张文昌等译. —北京：中国农业出版社，2023.12
ISBN 978-7-109-31413-9

Ⅰ.①世… Ⅱ.①井…②张… Ⅲ.①面包-制作-世界-图解 Ⅳ.①TS213.2-64

中国国家版本馆CIP数据核字（2023）第213515号

合同登记号：01-2020-3669

摄影：中岛聪美
插图：谷山彩子
设计：NILSON design studio
编辑、内文构成：椎名绘里子、川那部千穗、藤门杏子、草野舞友（THREE SEASON. CO., LTD.）
策划：成田晴香
餐具合作：STUDIO M'
摄影协助：山下珠绪

中国农业出版社出版
地址：北京市朝阳区麦子店街18号楼
邮编：100125
责任编辑：郭晨茜
版式设计：郭晨茜　　责任校对：吴丽婷　　责任印制：王　宏
印刷：北京中科印刷有限公司
版次：2023年12月第1版
印次：2023年12月北京第1次印刷
发行：新华书店北京发行所
开本：889mm × 1194mm　1/16
印张：9.5
字数：240千字
定价：98.00元